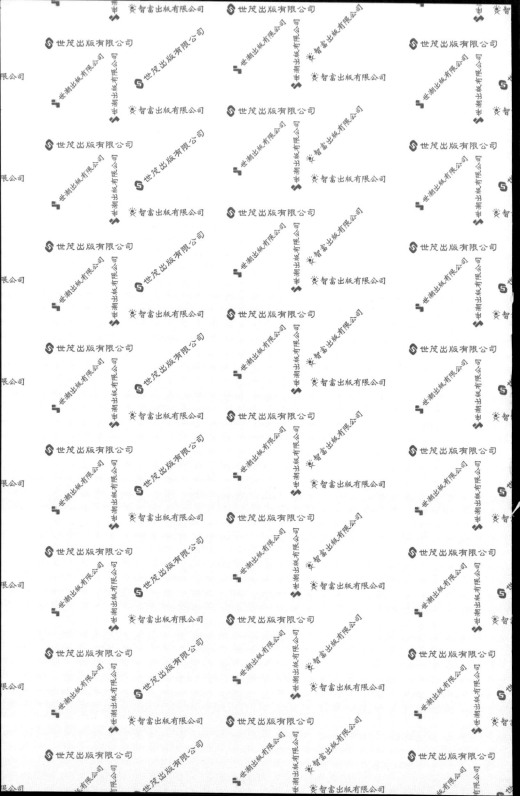

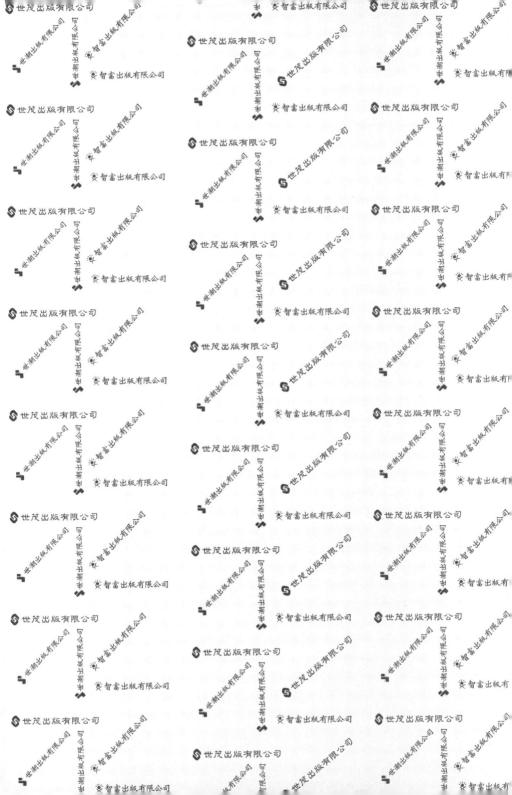

日本數學會出版貢獻獎得主

結城浩 — 著

前師範大學數學系教授兼主任
洪萬生 — 審訂

陳朕疆 — 譯

數＝學＝(女×孩)

秘密筆記

數列廣場篇

数学
ガールの
秘密ノート
―――
数列の廣場

獻給你

本書將由由梨、蒂蒂、米爾迦與「我」，展開一連串的數學對話。

在閱讀途中，若有抓不到來龍去脈的故事情節，或看不懂的數學式，請你跳過去繼續閱讀，但是務必詳讀女孩們的對話，不要跳過！

傾聽女孩，即是加入這場數學對話。

登場人物介紹

「我」
: 高中二年級，本書的敘述者。
: 喜歡數學，尤其是數學公式。

由梨
: 國中二年級，「我」的表妹。
: 總是綁著栗色馬尾，喜歡邏輯。

蒂蒂
: 高中一年級，是精力充沛的「元氣少女」。
: 留著俏麗短髮，閃亮大眼是她吸引人的特點。

米爾迦
: 高中二年級，是數學資優生、「能言善道的才女」。
: 留著一頭烏黑亮麗的秀髮，戴金框眼鏡。

媽媽
: 「我」的媽媽。

瑞谷老師
: 學校圖書室的管理員。

C　O　N　T　E　N　T　S

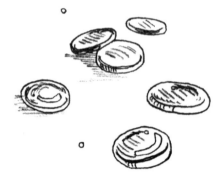

序章

數列，一切問題的根源。

　1, 2, 3, 4 —— 下一個是誰？

我排列，排出一個個數。
我計算，算出一個個數。
計算，接著再排列。

　1, 3, 5, 7 —— 下一個是誰？

與相鄰的數相遇，
產生新的數列。
數，並不孤獨。

　1, 3, 6, 10 —— 下一個是誰？

與身邊的你相遇，
產生新的羈絆。
我，並不孤獨。

　1, 4, 9, 16 —— 下一個是誰？

數向我提問：
下一個數，是誰？

我也向你提問：
你覺得下一個是誰？

　　1, 2, 4, 8 ——下一個是誰？

依循問題尋找答案，答案又衍生問題。
舊數列創造新數列。
舊規律創造新規律。

　　1, 1, 2, 3 ——下一個是誰？

黑白棋、奇妙的數列、獨特的骰子。
我們是問題，也是答案。
而我們又追尋答案所產生的新問題。

　　7, 0, 7, 1 ——下一個是誰？

我們提出一個又一個問題。

那麼——下個問題，你覺得是什麼呢？

第 1 章

數的排列、數的擴展

「為什麼只有幾個數，就能推敲出規則？」

1.1 黑白棋的啟發

由梨：「我又贏了，哥哥比我想的還弱耶。」

我：「呵呵，是由梨太厲害啦。」

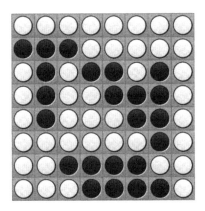

這裡是我家。

我和由梨正在客廳玩黑白棋。

由梨太厲害，讓我頻頻陷入苦戰。

由梨：「四個角落都被我佔據，哥哥也輸太慘了吧！」

我：「黑白棋就玩到這裡吧。」

我收拾棋盤上的棋子，將一顆黑棋擺上棋盤。

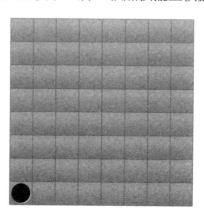

由梨：「我說哥哥啊，即使你一直佔不到角落，也不能一開始
就把棋子放在角落吧？這樣違反規則喔！」

由梨甩動她的栗色馬尾抱怨著。她今年國中二年級，是我
的表妹，平常都叫我「哥哥」。

我：「妳先看下去再說吧！接下來的棋子要擺在這裡。」

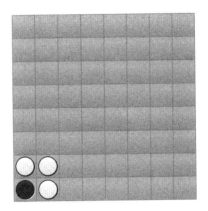

由梨:「嗯?哥哥在構思黑白棋的新規則嗎?」

我:「再來是這樣。」

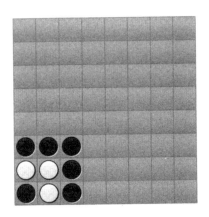

由梨:「喔——我知道了。你要從角落開始,照順序排列黑白
　　　兩色的棋子吧!」

我:「沒錯。1 個黑棋、3 個白棋、5 個黑棋……再來是什
　　　麼?」

由梨：「這個簡單。是這樣吧？」

　　由梨迅速在棋盤上擺出數個白棋。

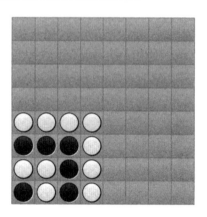

我：「是的。由梨剛才擺了幾個白棋呢？」

由梨：「7個白棋。」

我：「妳看出規則了嗎？」

由梨：「嗯！是 1, 3, 5, 7！接著要擺 9, 11, 13, 15 個棋子。」

我：「15 個棋子之後要擺幾個棋子呢？」

由梨：「你別想騙我！接下來要擺 17 個棋子，可是棋盤已經擺
　　　不下了！」

我：「真的騙不到妳耶。」

　　我把棋子一個個擺上棋盤。

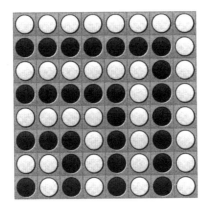

由梨:「好像斑馬的條紋。」

我:「1, 3, 5, 7, 9, 11, 13, 15, ... 有什麼特別之處呢?」

由梨:「它們都是**奇數**?」

我:「沒錯。不考慮棋盤的空間限制,這個由奇數組成的數列可以一直持續下去喔。」

奇數數列

$$1, \quad 3, \quad 5, \quad 7, \quad 9, \quad 11, \quad 13, \quad 15, \quad 17, \quad 19, \quad \ldots$$

由梨:「數列?」

我:「把數字排成一列,不管是什麼樣的數字,都可以稱為**數列**。『奇數數列』是指由奇數組成的數列。」

由梨：「奇數數列又怎樣呢？而且，你不玩黑白棋了嗎？」

我：「我不玩黑白棋囉……剛才由梨是照這個模式排棋子的吧？妳把棋子排成 L 形，逐漸往外擴張。」

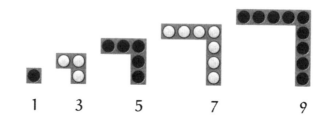

由梨：「是啊。我把棋子排成倒過來的 L 形。」

我：「把這些 L 形合在一起變成正方形，會怎樣呢？」

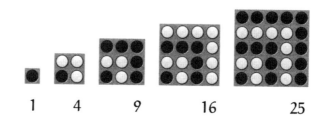

由梨：「喔——」

我：「排成這樣妳還看得出規則嗎？」

由梨：「1, 4, 9, 16, 25, ... 棋子數量仍舊逐漸增加。」

我：「這稱為完全平方數數列。」

由梨：「完全平方數？」

完全平方數數列

$$1, \quad 4, \quad 9, \quad 16, \quad 25, \quad \dots$$

我：「正方形的邊長依照 1, 2, 3, 4, 5, ... 的規則逐漸增加，所以正方形內的棋子數量會依照 $1 \times 1 = 1, 2 \times 2 = 4, 3 \times 3 = 9, 4 \times 4 = 16, 5 \times 5 = 25, ...$ 的規則逐漸增加。這種自然數平方所得的數，即稱為完全平方數。」

由梨：「嗯。」

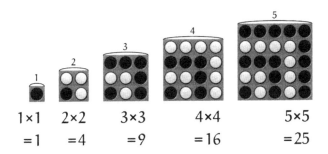

我：「由梨啊，妳不覺得把棋子一個個排出來，很像在玩遊戲嗎？」

由梨：「但這樣分不出輸贏啊！」

我：「是啦。」

1.2　規則與算式（正方形）

由梨：「哥哥，沒有比較有趣的玩法嗎？」

我：「我想想……我們談到了規則，接著該輪到數學式登場了。」

由梨：「數學式狂熱者出現了！難道你以為數學式可以解決所有事情嗎？」

我：「妳怎麼突然教訓人啊。用數學式來解釋『規則』很有趣喔。」

由梨：「例如什麼呢？例如什麼呢？」

我：「以我們剛才排出來的正方形為例吧。」

由梨：「你是指 1×1 和 2×2 的正方形嗎？」

我：「是啊。如果正方形的邊長是 1 個棋子，正方形內即有 $1 \times 1 = 1$ 個棋子。把 1 連乘兩次，可以寫成 $1^2 = 1$。」

由梨：「就是 1 的平方吧。」

我：「如果邊長是 2 個棋子，正方形內則有 $2 \times 2 = 2^2 = 4$ 個棋子。」

由梨：「嗯，然後呢？」

我：「如果邊長是 n 個棋子，正方形內有幾個棋子呢？」

由梨：「有 $n \times n$，也就是 n^2 個？」

我：「沒錯！正確答案。厲害！厲害！」

正方形內的棋子數量

如果邊長是 n 個棋子，
正方形內的棋子數量是 $n \times n = n^2$ 個。

1.3 規則與算式（L形）

我：「接下來，我們來看 L 形的情況吧。邊長為 1 個棋子的 L 形內，有 1 個棋子。」

由梨：「不過 1 個棋子看不出 L 的形狀。」

我：「如果邊長為 2 個棋子，則 L 形內有 3 個棋子。」

由梨：「嗯，會變成奇數數列吧？1, 3, 5, 7, 9, ...」

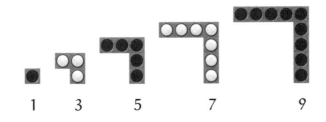

我：「如果邊長為 n 個棋子，L 形內有幾個棋子呢？」

問題

若邊長為 n 個棋子，L 形內有幾個棋子？

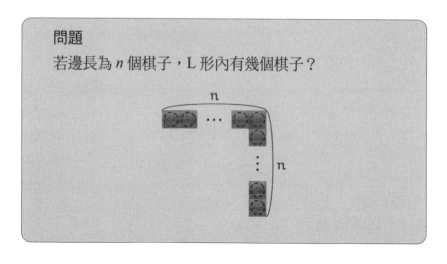

由梨：「這很簡單啊，只要把 n……咦？」

　　由梨仰頭看向天花板，扳手指算了算。

由梨：「我知道了！L 形內有 $2n-1$ 個棋子！」

我：「厲害，正是如此。若邊長為 n 個棋子，L 形內的棋子即有 $2n-1$ 個。因為橫列有 n 個棋子，而縱行有 $n-1$ 個棋子，所以總共有 $2n-1$ 個棋子。」

解答

若邊長為 n 個棋子，L 形內有 $2n-1$ 個棋子。

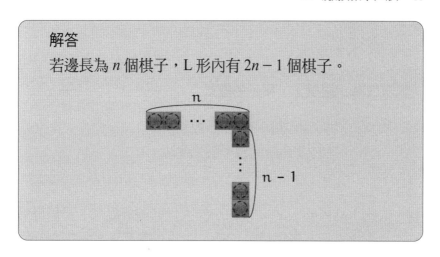

由梨：「可是我覺得有個地方很奇怪。$2n-1$ 這個式子有 -1，讓人懷疑這真的是減號嗎？」

我：「嗯，我就知道妳會這麼想。我猜妳剛才應該是在算，若 $n = 1$，$2n - 1$ 是不是 1；若 $n = 2$，$2n - 1$ 是不是 3 吧？」

由梨：「你怎麼知道？哥哥會讀心術嗎？」

我：「我就是知道。」

由梨：「喔——」

我：「總之，若邊長為 n 個棋子，『正方形』和『L 形』內的棋子數量如下頁所示……」

由梨：「嗯。」

> 若邊長為 n 個棋子，棋子的數量：
>
> $$正方形內的棋子數量 = n^2$$
> $$L 形內的棋子數量 = 2n - 1$$

我：「由下圖可知，把 L 形由小到大一個個疊起來，可以得到一個正方形。舉例來說，將 8 個 L 形疊起來，可得到一個棋盤大小的正方形。」

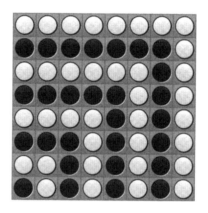

由梨：「所以呢？」

我：「仔細觀察這個相疊的過程，可得到以下等式……」

$$1 + 3 + 5 + 7 + 9 + 11 + 13 + 15 = 8^2$$

由梨：「嗯？」

我：「妳知道左邊的 $1 + 3 + 5 + 7 + 9 + 11 + 13 + 15$ 代表什麼嗎？」

由梨：「不就是把 L 形內的所有棋子相加嗎？」

我：「沒錯。右邊的 8^2 又代表什麼呢？」

由梨：「代表整個黑白棋棋盤啊，亦即正方形內的棋子總數。」

我：「沒錯！這個等式說明了『L 形內的棋子總數』與『正方形內的棋子總數』相等。」

$$\underbrace{1+3+5+7+9+11+13+15}_{\text{L形內的棋子總數}} = \underbrace{8^2}_{\text{正方形內的棋子總數}}$$

由梨：「這不是理所當然嗎！」

我：「但這表示我們可以將這種情形**一般化**喔。」

由梨：「什麼意思？」

我：「因為我們剛才用的是黑白棋棋盤，只能排到 15 個棋子，但 L 形其實可以一直疊下去，而且棋子數量可以用 n 這個符號來描述，亦即『利用符號進行一般化』。」

由梨：「我完全不懂你在講什麼。」

我：「我想說的是，下面這個算式會成立……」

$$1 + 3 + 5 + \cdots + (2n - 1) = n^2$$

由梨：「咦？」

我：「等號左邊是把從 1 開始的奇數，照順序相加，但不是『加到 15 為止』，而是『加到 $2n-1$ 為止』喔。中間的『…』是省略的意思。」

由梨：「我懂了。」

我：「等號右邊是指邊長若為 n 個棋子，正方形內的棋子數量是 n^2 個。」

由梨：「喔──」

我：「簡單來說，『從 1 開始的 n 個奇數加總』會與『完全平方數 n^2』相等。」

「從 1 開始的 n 個奇數加總」與
「完全平方數 n^2」相等

$$1 + 3 + 5 + \cdots + (2n - 1) = n^2$$

由梨：「咦？是 n 個奇數，而不是 $2n-1$ 個奇數嗎？」

我：「$2n-1$ 是指加總的數字中最大的奇數，是『數值本身』。而我剛才說的 n 個奇數，是指加總了幾個奇數，是『個數』。」

由梨：「咦？」

我：「想想看實際的例子，妳就會明白囉。把 $1 + 3 + 5 + \cdots + (2n-1) = n^2$ 的 n，從 1 開始往上加，會得到什麼結果呢？」

$$\underbrace{1}_{1\text{個}} = 1^2 \quad 若 n = 1$$

$$\underbrace{1 + 3}_{2\text{個}} = 2^2 \quad 若 n = 2$$

$$\underbrace{1 + 3 + 5}_{3\text{個}} = 3^2 \quad 若 n = 3$$

$$\underbrace{1 + 3 + 5 + 7}_{4\text{個}} = 4^2 \quad 若 n = 4$$

$$\underbrace{1 + 3 + 5 + 7 + 9}_{5\text{個}} = 5^2 \quad 若 n = 5$$

$$\underbrace{1 + 3 + 5 + 7 + 9 + 11}_{6\text{個}} = 6^2 \quad 若 n = 6$$

$$\underbrace{1 + 3 + 5 + 7 + 9 + 11 + 13}_{7\text{個}} = 7^2 \quad 若 n = 7$$

$$\underbrace{1 + 3 + 5 + 7 + 9 + 11 + 13 + 15}_{8\text{個}} = 8^2 \quad 若 n = 8$$

$$\vdots$$

$$\underbrace{1 + 3 + 5 + 7 + 9 + 11 + 13 + \cdots + (2n - 1)}_{n\text{個}} = n^2 \quad 一般式$$

由梨：「我知道了，哥哥。從 1 開始數到第 n 個奇數，第 n 個奇數就是 $2n - 1$。」

我：「沒錯。」

由梨：「哥哥寫了那麼多例子，讓我能立刻看出 n 的意義。把實際的數字代進符號，就可以馬上明白了。」

我：「由梨好厲害！就是這麼一回事。」

由梨：「……我說哥哥啊。」

我：「怎麼啦？」

由梨：「那個……」

我：「怎麼了？」

由梨：「哥哥好像常常誇獎我耶，常常說我『厲害』……」

我：「有嗎？」

由梨：「得到哥哥的誇獎，我覺得很開心！」

我：「那就好。」

1.4　逐步添加

我：「接下來，我們換個方式排排看吧！」

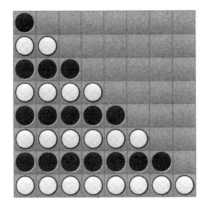

由梨：「可是這樣很無聊耶。」

我：「妳先試看看嘛。算一算每個橫排的棋子數量，妳會得到
　　什麼呢？」

1 ●

2 ○○

3 ●●●

4 ○○○○

5 ●●●●●

6 ○○○○○○

7 ●●●●●●●

8 ○○○○○○○○

由梨：「不就是 1, 2, 3, 4, ... 一個個加上去嗎？」

我：「是啊。棋盤有 8×8 個格子，所以我們只能排到 1, 2, 3, 4, 5, 6, 7, 8。但是這個自然數數列其實可以一直延續下去。」

自然數數列

$$1, \quad 2, \quad 3, \quad 4, \quad 5, \quad 6, \quad 7, \quad 8, \quad \ldots$$

由梨：「所以呢？」

我：「由上往下看，妳可以發現每次往下一排，數字就會增加 1。」

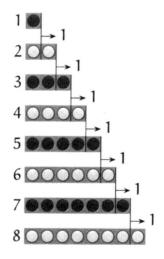

由梨：「這很理所當然啊，因為我們是照順序一個個加上去的。」

我：「妳知道從數列 1, 2, 3, ... 可以得到**新的數列** 1, 1, 1, ... 嗎？」

由梨：「什麼意思？」

我：「算出每個數『比前一個數增加多少』、排出來，就會形成新的數列。寫成這樣，妳應該比較容易明白吧……」

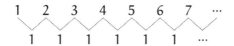

由梨：「嗯。」

我：「數列中的每個數，都稱作數列的**項**。而取出 1, 2, 3, ... 這個數列中相鄰兩項的**差**，會形成新的數列 1, 1, 1, ...。」

由梨：「新的數列……」

我：「沒錯。就是從原數列 1, 2, 3, ... 衍生出新數列 1, 1, 1, ... 以這種方式得到的數列，是原數列的**階差數列**。」

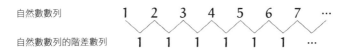

由梨：「階差數列……可是 1, 1, 1, ... 也能稱為數列嗎？數列的每個數字都一樣耶。」

我：「這是數列，因為它是由常數 1 所組成的，又稱為**常數數
　　列**。」

由梨：「原來如此——」

我：「所以 1, 2, 3, ... 的階差數列，是常數數列 1, 1, 1, ...。」

由梨：「我瞭解了。」

1.5　隔列計算

我：「接下來，我們來看棋盤上，相隔一列的棋子吧，如下
　　圖。」

由梨：「取出相隔一列的棋子，就是取出 1, 3, 5, 7。」

我：「沒錯。如果沒有受棋盤限制，即可依照 1, 3, 5, 7, 9, 11, 13, ...
　　的順序一直排下去。這就是**奇數數列**。」

奇數數列

$$1, \quad 3, \quad 5, \quad 7, \quad 9, \quad 11, \quad 13, \quad \ldots$$

由梨：「嗯。」

我：「從上往下觀察此奇數數列，可以發現這個數列往下一列即會增加 2。」

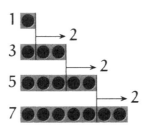

由梨：「因為自然數數列的每項都相差 1，所以取出相隔一列的項來看，每項會相差 2。」

我：「那麼，奇數數列（$1, 3, 5, \ldots$）的階差數列是什麼呢？」

問題

奇數數列（$1, 3, 5, \ldots$）的階差數列為何？

由梨：「簡單啦！奇數數列（$1, 3, 5, \ldots$）的階差數列是 $2, 2, 2, \ldots$ 吧？」

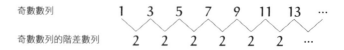

我：「沒錯，是常數 2 的常數數列。」

解答

奇數數列（ 1, 3, 5, ... ）的階差數列為常數數列 2, 2, 2, ... 。

1.6 另一種隔列計算

我：「接下來，把奇數數列拿掉，觀察剩下了哪些部分吧。」

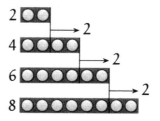

由梨：「是偶數。」

我：「沒錯，是偶數數列。」

偶數數列

$$2, \quad 4, \quad 6, \quad 8, \quad 10, \quad \ldots$$

我：「偶數數列的階差數列是什麼呢？」

由梨：「這個簡單，是 2, 2, 2, ... 吧？」

我：「沒錯。」

偶數數列   2   4   6   8   10   12   14   ⋯

偶數數列的階差數列   2   2   2   2   2   2   ⋯

由梨：「奇數數列和偶數數列的階差數列一樣啊？」

我：「是啊，兩個都是常數數列 2, 2, 2, ...。」

1.7　平方數

由梨：「哥哥，所有的階差數列都是常數數列嗎？」

我：「不一定。」

由梨：「可是自然數數列、奇數數列、偶數數列的階差數列，都是常數數列耶。」

- 「自然數數列」的階差數列為常數數列 1, 1, 1, ...
- 「奇數數列」的階差數列為常數數列 2, 2, 2, ...
- 「偶數數列」的階差數列為常數數列 2, 2, 2, ...

我：「是啦，不過任意寫出一個數列，它的階差數列不一定會
　　是常數數列。」

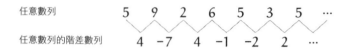

任意數列　　　　　5　9　2　6　5　3　5　…

任意數列的階差數列　　4　-7　4　-1　-2　2　…

由梨：「說的也是。」

我：「那麼，妳覺得完全平方數數列的階差數列會長什麼樣子
　　呢？」

完全平方數數列

$$1, \quad 4, \quad 9, \quad 16, \quad 25, \quad 36, \quad \ldots$$

由梨：「會長什麼樣子呢？」

我：「妳算算看吧。」

由梨：「我想想……啊！照順序一個個相減就好了。第一個是
　　$4 - 1 = 3$，下一個是 $9 - 4 = 5$……」

完全平方數數列　　1　4　9　16　25　36　49　…

從 3 開始的奇數數列　　3　5　7　9　11　13　…

由梨：「我完成了，是數列 3, 5, 7, 9, 11, 13, ... 咦？這是奇數數
　　列！剛好是 L 形內的棋子數量耶！」

我：「是啊，根據由梨的計算結果可知，『完全平方數數列』的階差數列是『從 3 開始的奇數數列』。」

由梨：「可惡，其實根本不需要計算！我被騙了！」

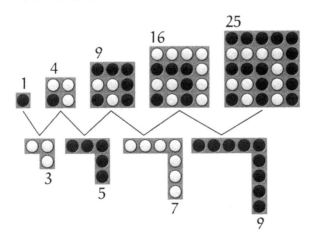

1.8 謎之數列

我：「我來出個問題吧。在下面的『謎之數列』中，92 的下一個數是什麼呢？」

> 問題（謎之數列）
> 92 的下一個數是什麼？
>
> $$1, \quad 2, \quad 6, \quad 15, \quad 31, \quad 56, \quad 92, \quad \underline{\ ?\ }, \quad \ldots$$

由梨：「我不知道。」

我：「太快投降了吧！由梨，妳太快放棄了。」

由梨：「可是憑空冒出一個 92，我不知道該怎麼辦啊。答案是什麼？」

我：「我希望妳可以先自己想想看啦……」

由梨：「數列的 1, 2, 6, 15 中，有的是奇數，有的是偶數……奇數偶數混在一起，我搞不清楚是怎麼一回事啦——」

我：「妳找不到這個數列的規則嗎？」

由梨：「我找不到這個數列的規則啊！」

我：「這種時候就必須使用那個囉！」

由梨：「哪個？」

我：「**階差數列**！」

由梨：「是喔？」

我：「如果有一個從來沒看過的『謎之數列』，使妳一時找不出規則，妳應該先『求出謎之數列的階差數列』。」

由梨：「是喔……然後呢？」

我：「接著不看『謎之數列』，轉而利用『謎之數列的階差數列』尋找規則。也就是說，『**計算階差數列是研究數列的好方法**』。」

由梨：「這樣啊——」

我：「我們再回來看這題，謎之數列是 1, 2, 6, 15, 31, 56, 92, ... 所以……」

由梨：「等一下！讓由梨來算……我知道了！可求得完全平方數數列！」

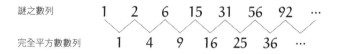

我：「沒錯。『謎之數列』的階差數列是『完全平方數數列』，因此……」

由梨：「36 的下一個完全平方數是 7×7 = 49，所以 92 的下一個數是 92 加上 49，也就是 141！」

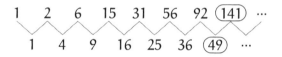

我：「正確答案。」

由梨：「我成功了！」

解答（謎之數列）

92 的下一個數是 141。

$$1, \quad 2, \quad 6, \quad 15, \quad 31, \quad 56, \quad 92, \quad \underline{141}, \quad ...$$

1.9　再來一次

我：「由梨，『完全平方數數列』的階差數列，是『從 3 開始的奇數數列』吧？」

由梨：「對，『完全平方數數列』（1, 4, 9, 16, ...）的階差數列……啊！就是 L 形棋子的數列（3, 5, 7, 9, ...），亦即『從 3 開始的奇數數列』！」

我：「妳覺得這個『從 3 開始的奇數數列』，它的階差數列是什麼呢？」

由梨：「不就是 2, 2, 2, ... 嗎？階差數列無關於原數列的首項是哪個數。」

我：「是啊。也就是說，『完全平方數數列』的**階差數列的階差數列**，是一個常數數列？」

由梨：「哥哥，你可以再說一遍嗎？」

我：「階差數列的階差數列。」

由梨：「啊……沒錯！」

我：「換句話說，『完全平方數數列』取兩次階差數列，可得到常數數列。」

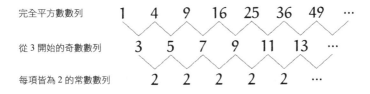

由梨:「喔——取了兩次啊。」

我:「這麼一來,自然數數列、奇數數列、偶數數列、完全平方數數列都成了『同伴』。而它們的同伴關係建立在『取數次階差數列,都會得到常數數列』的前提。」

由梨:「哇!」

「取數次階差數列,都會得到常數數列」的同伴

自然數數列	階差數列 $\longrightarrow$	常數數列 1, 1, 1, ...
奇數數列	階差數列 $\longrightarrow$	常數數列 2, 2, 2, ...
偶數數列	階差數列 $\longrightarrow$	常數數列 2, 2, 2, ...
完全平方數數列	階差數列 階差數列 $\longrightarrow\longrightarrow$	常數數列 2, 2, 2, ...

1.10 再多一次

我:「用階差數列整理出各數列的關係,即可看出這些數列互為『同伴』。」

由梨：「哥哥！再取一次階差數列會變成 0 耶！」

我：「什麼？」

由梨：「再取一次階差數列！」

我：「原來如此！妳是指這個啊！」

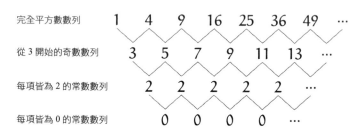

由梨：「對呀！完全平方數數列取三次階差數列，會變成 0, 0, 0, ...！」

我：「嗯，這麼一來，看起來更像『同伴』囉！」

「取**數**次階差數列，會得到 0, 0, 0, ...」的同伴

自然數數列	$\xrightarrow{\text{階差數列}}\xrightarrow{\text{階差數列}}$	0, 0, 0, ...
奇數數列	$\xrightarrow{\text{階差數列}}\xrightarrow{\text{階差數列}}$	0, 0, 0, ...
偶數數列	$\xrightarrow{\text{階差數列}}\xrightarrow{\text{階差數列}}$	0, 0, 0, ...
完全平方數數列	$\xrightarrow{\text{階差數列}}\xrightarrow{\text{階差數列}}\xrightarrow{\text{階差數列}}$	0, 0, 0, ...

由梨：「全部長得一樣……啊！哥哥！剛才的『謎之數列』（1, 2, 6, 15, 31, 56, 92, ...）也是它們的同伴！」

我：「是啊！」

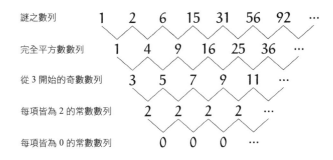

由梨：「哥哥！你多寫一些階差數列啦！」

「為什麼發現規則，即能推敲其他數字呢？」

第 1 章的問題

我以前看過這個問題嗎?或者說,
我是否看過類似形式的問題呢?
——George Pólya

●問題 1-1(以符號表示)
如下圖所示,請用正方形磁磚拼出一個方框。若要拼出每邊有 n 片磁磚的方框,需要多少片磁磚呢?

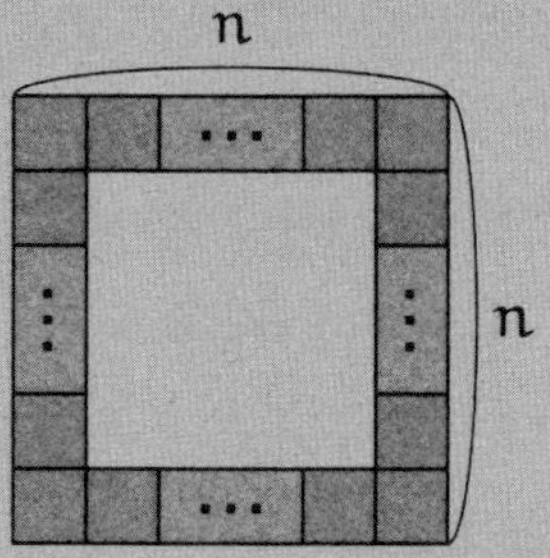

(解答在第 218 頁)

●問題 1-2（求階差數列）

請求以下數列的階差數列。

① 0, 3, 6, 9, 12, 15, 18, . . .

② 0, −3, −6, −9, −12, −15, . . .

③ 16, 14, 12, 10, 8, 6, . . .

④ 1, −3, 5, −7, 9, −11, . . .

（解答在第 220 頁）

●問題 1-3（階差數列的相關問題）

①若某數列的階差數列為常數數列 3, 3, 3, 3, ...，我們是
　否能確定這個數列一定是由 3 的倍數所組成的呢？

②若某數列的階差數列為常數數列 0, 0, 0, 0, ...，我們是
　否能確定這個數列一定是常數數列呢？

（解答在第 221 頁）

第 2 章

神奇的 Σ

「在還不明白那是什麼之前,無從得知它的神奇之處。」

2.1 在圖書室

這裡是我就讀的高中。放學後,我慢慢走向圖書室。圖書室內,高中一年級的蒂蒂正專心看著一本書。不過,蒂蒂不管做什麼都很專心就是了。

我:「蒂蒂,妳又在讀書了嗎?」

蒂蒂:「啊,學長!我是在讀書啦,但也不完全是。」

她眨著閃亮大眼回答。
我看了一眼蒂蒂手上的書,上面寫滿連我都覺得複雜的數學式。

我:「蒂蒂,妳怎麼讀那麼艱澀的書啊!」

蒂蒂:「沒有啦,我只是看看。」

我:「只是看看?」

蒂蒂:「是啊。學長常為我說明複雜的數學式,讓我想看看這種書都寫了什麼⋯⋯」

我：「妳是因為這樣才看這本高難度的書嗎？」

蒂蒂：「是的──但我好像高估自己了。即使瀏覽過每一頁，也不代表我能理解內容……」

我：「是啊……有時候我也會翻一翻艱澀的數學書籍，不過這本真的太難了。」

2.2 數學式的謎樣符號

我落座於蒂蒂旁邊的位子，她把頭靠了過來。

蒂蒂：「數學式常並列著許多謎樣符號呢。」

我：「並列的符號是指什麼呢？」

蒂蒂：「我想想……以英文句子為例……」

"This is a sentence."

蒂蒂：「這句話的文字都在同一條水平線上吧？」

蒂蒂大筆一揮，畫出一條底線。

我：「是啊。」

蒂蒂：「但是，數學式的有些符號會跑到上面，有些則會跑到下面。」

蒂蒂的雙手啪嗒啪嗒地上下擺動。

我：「妳說的跑到上面的符號，是代表指數嗎？」

數學式中，跑到上面的符號（指數）

$$a^3 \qquad x^2 \qquad 2^n$$

蒂蒂：「沒錯！」

我：「用來表示乘冪的**指數**的確是『跑到上面的符號』呢，可以表示有多少個相同的數連乘。」

$$a^3 = \underbrace{a \times a \times a}_{3\text{個}} \qquad\qquad \text{指數為 } 3$$

$$x^2 = \underbrace{x \times x}_{2\text{個}} \qquad\qquad \text{指數為 } 2$$

$$2^n = \underbrace{2 \times 2 \times \cdots \times 2}_{n\text{個}} \qquad\qquad \text{指數為 } n$$

蒂蒂：「是的。」

我：「『跑到下面的符號』是指下標吧。」

數學式中，跑到下面的符號（下標）

$$a_3 \qquad x_2 \qquad y_n$$

蒂蒂：「符號跑到下面的意義，是不是與符號在上面不一樣呢？」

我：「是啊。表示數列的『第幾項』會用到下標，例如 $a_1, a_2, a_3, \dots$ 這個數列中，第一項的下標是 1，寫成 a_1；而第 k 項的下標是 k，寫成 a_k。」

蒂蒂：「嗯，我瞭解。」

我：「另外，為變數編號也會用到下標喔。此時不用 x, y, z，會改用 x_1, x_2, x_3 表示變數。」

蒂蒂：「跑到上面和跑到下面的符號，意義完全不同。這些擺放方式真難以理解。」

我：「難以理解嗎……等妳習慣了，應該就不會這麼想囉。」

蒂蒂：「突然冒出一大堆跑上跑下的符號。亂成一團的符號塞滿了腦袋！該怎麼辦呢？」

蒂蒂雙手抱頭哀嚎。

我：「……蒂蒂很擅長英文吧？」

蒂蒂：「是啊，雖然說不上擅長，但我很喜歡英文！」

我：「有些單字會因為前後文的不同，而有不同的意思吧？例如 "that" 這個單字，一篇文章常會出現許多個 "that"，這些 "that" 的意思會因為使用的時機不同，而有不同的意思。不過習慣以後，妳就會讀得越來越順暢，不用特別思考每個 "that" 的意思。」

蒂蒂：「說的也是，不過需要花不少時間來習慣呢。」

我：「數學式跟英文一樣喔。」

蒂蒂：「什麼意思？」

我：「習慣需要時間，但習慣之後，複雜的數學式判讀起來就
　　不困難了。」

蒂蒂：「真的嗎？」

我：「等妳習慣了，數學式裡跑上跑下的符號即可成為理解數
　　學式的線索喔。」

蒂蒂：「符號的位置是線索啊……像樂譜一樣！」

我：「沒錯，因為數學式和樂譜都是『世界共通的語言』。」

蒂蒂：「語言？數學式是語言？」

我：「是啊。外文版的數學書籍所寫的數學式，與中文版數學
　　書籍是一樣的。即使看不懂外文，也可看數學式猜出大概
　　的內容喔。」

蒂蒂：「外文版數學書籍！雖然我能理解為什麼可以透過數學
　　式看懂外文版數學書籍，但還是覺得難以置信耶！」

我：「嗯，是啊。」

蒂蒂：「往上跑的指數以及往下跑的下標都不成問題，但是像下面這種誇張的數學式……該怎麼判讀呢？」

$$\sum_{k=1}^{n} f_k(x)$$

蒂蒂：「每次看到這種數學式，我都忍不住哀嚎『哇！這麼複雜的數學式，我看不懂啦』！」

我：「這個式子其實不難懂喔。」

蒂蒂：「學長，你一眼就看懂了嗎？」

我：「沒有啦。這個數學式的意義要視函數 $f_k(x)$ 而定，但這個數學式整體來說並不困難。妳可以用理解英文文法結構的方式來判讀。」

蒂蒂：「什麼意思呢？」

我：「妳想一想，就算我們不曉得單字的意思，還是能看出哪個字是主詞，哪個字是受詞吧？讓我們用相同原理，來理解數學式 $\sum_{k=1}^{n} f_k(x)$ 吧！」

蒂蒂：「麻煩學長了！」

2.3 看懂數學式

我：「不習慣數學式的人，看到 $\sum\limits_{k=1}^{n} f_k(x)$ 中的 Σ，應該會一頭霧水吧。」

蒂蒂：「沒錯！我完全懂這種心情！這個符號彷彿寫著『困難』兩字。連『驚嚇』的表情符號都用到這個符號呢！」

$$\Sigma(°Д°)$$

我：「哈哈，蒂蒂把 Σ 看作一個圖案嗎？Σ 不只可看作一個圖案，其實它大多用來表示總和喔。」

蒂蒂：「表示總和嗎？」

我：「是啊。總和就是指加法，妳看到 Σ 不需要慌張，因為它只是代表加法。」

蒂蒂：「只是代表加法嗎？」

我：「我們用簡單的數學式來說明 Σ 吧。$\sum\limits_{k=1}^{3} k$ 要表達的是 $1 + 2 + 3$，也就是 1、2、3 的總和。」

$$\sum_{k=1}^{3} k = 1 + 2 + 3$$

蒂蒂：「學長！這個數學式的等號左邊和右邊，難度差太多了，簡直有天壤之別！」

我：「是啊。等號左邊的 $\sum_{k=1}^{3} k$ 看起來很難，而等號右邊的 $1 + 2 + 3$ 則簡單許多。」

蒂蒂：「我該如何判讀這個數學式呢？」

我：「先注意 $\sum_{k=1}^{3} k$ 這個式子有三個『參數』——$\boxed{k=1}$、$\boxed{3}$、$\boxed{k}$。」

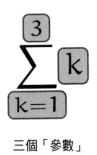

三個「參數」

蒂蒂：「嗯……」

我：「剛才蒂蒂說數學式的符號會上下跑，這裡也一樣喔。$\boxed{k=1}$ 在下，$\boxed{3}$ 在上。」

蒂蒂：「真的耶。」

我：「下面的 $k=1$ 和上面的 3，表示 $k=1$ 這個整數的變動範圍。所以 Σ 的數學式要照下面的順序判讀。」

Σ 的判讀

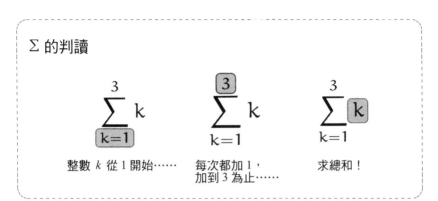

蒂蒂：「是 k 從 1 變成 2, 3 的意思嗎？」

我：「沒錯。讓 k 慢慢改變 2, 3，再把『和的本體』，亦即 1, 2, 3 加總。」

蒂蒂：「和的本體？」

我：「和的本體是指寫在 Σ 右邊的式子。以 $\sum\limits_{k=1}^{3} k$ 為例，和的本體是 k。」

蒂蒂：「原來如此。」

我：「也就是說，數學式 $\sum\limits_{k=1}^{3} k$ 想表達的意思是『當 k 為 1, 2, 3，所有 k 的總和』。」

蒂蒂：「學長！我知道了！所以由此可得……」

$$\sum_{k=1}^{3} k = 1 + 2 + 3$$

我：「沒錯，這就是常見的寫法。請看下面的 Σ 判讀方法。」

Σ 判讀方法

下列數學式表示：當整數 k 等於 ㄅ 到 ㄆ，ㄇ 的總和為多少。

$$\sum_{k=ㄅ}^{ㄆ} ㄇ$$

其中，

　　ㄅ 稱作「下限」

　　ㄆ 稱作「上限」

　　ㄇ 稱作「和的本體」

蒂蒂：「我懂了！」

我：「我們用另一個例子來說明吧，舉例來說——」

蒂蒂：「啊，我來試試看！」

我：「喔？」

蒂蒂：「因為學長說過『舉例是理解的試金石』！」

我：「說得好！」

舉例是理解的試金石——

這對我們來說是相當重要的一句話。

若想知道自己是否真的理解了數學式，只需舉個例子。

- 若能舉出適當的例子，
  表示你已經理解了。
- 若舉不出適當的例子，
  表示你尚未完全理解。

這是相當簡單的判斷方式。

蒂蒂：「我來舉一個 Σ 的例子吧！首先，把學長剛才寫的東西照抄一遍。」

$$\sum_{k=1}^{3} k = 1 + 2 + 3$$

我：「嗯，此例『和的本體』是 k。」

蒂蒂：「這個可以當作 Σ 的例子嗎？」

$$\sum_{k=1}^{3} k^2 = 1^2 + 2^2 + 3^2$$

我：「不錯啊，妳把『和的本體』改成 k^2 了。」

蒂蒂：「沒錯。」

我：「妳要不要把 a_k 當作『和的本體』，再舉一個例子呢？」

蒂蒂：「好的，只要把 k 換成 1, 2, 3 就可以了吧，像這樣。」

$$\sum_{k=1}^{3} a_k = a_1 + a_2 + a_3$$

我：「做得好！」

蒂蒂：「我抓到感覺囉！這樣也可以當作一個例子吧。」

$$\sum_{k=1}^{5} 2^k = 2^1 + 2^2 + 2^3 + 2^4 + 2^5$$

我：「可以。整數 k 從 1 逐步增加到 5，而『和的本體』則設為 2^k。『上限』也換成 5。」

蒂蒂：「是的！」

我：「不只有 k，你也可以使用其他符號喔，例如 m。」

$$\sum_{m=1}^{5} 2^m = 2^1 + 2^2 + 2^3 + 2^4 + 2^5$$

蒂蒂：「原來可以這樣。」

我：「我來學米爾迦，出一個問題給妳吧。」

問題

請計算以下數學式。

$$\sum_{k=1}^{3} 5$$

蒂蒂：「這題簡單！——咦？」

我：「看不懂嗎？」

蒂蒂：「這個數學式子的『和的本體』是 5 耶。」

我：「沒錯。」

蒂蒂：「我想想看……計算所得的答案是 5 嗎？啊，不對，是 15 吧？」

我：「沒錯，正確答案！妳把過程寫下來吧。」

解答

$$\sum_{k=1}^{3} 5 = 5 + 5 + 5$$
$$= 15$$

蒂蒂：「『和的本體』沒使用 k 也算得出來！」

我：「是啊，用這個架構去思考會很清楚。」

$$\sum_{k=1}^{3}(\text{和的本體}) = \underbrace{(\text{和的本體})}_{k=1} + \underbrace{(\text{和的本體})}_{k=2} + \underbrace{(\text{和的本體})}_{k=3}$$

蒂蒂：「原來如此……」

我：「這個問題的『和的本體』是 5，所以 $\sum\limits_{k=1}^{3} 5 = 5 + 5 + 5 = 15$。把它一般化，設 A 為不包含 k 的數學式，可得到 $\sum\limits_{k=1}^{n} A = nA$。蒂蒂，到目前為止，妳可以接受嗎？」

Σ 計算的應用

$$\sum_{k=1}^{n} A = \underbrace{A + A + A + \cdots + A}_{n \text{ 個}} = nA$$

設 n 為 1 以上的整數，且 A 為不包含 k 的數學式，則等式成立。

蒂蒂：「我懂了。剛才問題裡的 3 就是這裡的 n，5 則是這裡的 A！」

我：「正是如此！」

蒂蒂：「對了，學長常常提到『一般化』這個詞耶。」

我：「是啊。遵從『舉例是理解的試金石』原則提出實例後，下一步通常會思考『能否一般化』，才可深入理解原理。」

蒂蒂：「但是一聽到『一般化』這個詞，我的身體就會不自覺打寒顫。總覺得這麼做會多出一堆符號，讓問題變得更複雜。」

我：「嗯，一般化通常會讓符號增加。剛才的例子從 3 項的總和變成 n 項的總和，即增加了 n 這個符號。」

蒂蒂：「因為 Σ 上面的數是 n（上限），所以要算 n 項的總和吧？」

我：「不一定。」

蒂蒂：「咦？」

我：「蒂蒂可以算下面這題嗎？」

問題

請計算以下數學式。

$$\sum_{k=0}^{n} 100$$

蒂蒂：「答案是 $100n$ 嗎？」

我：「不對，這個答案是錯的。」

蒂蒂：「呃……不是要把 n 個 100 加起來嗎？」

我：「妳再仔細看一次這個問題的數學式吧。」

$$\sum_{k=0}^{n} 100$$

蒂蒂：「啊！下面的參數是 $k = 0$……」

我：「沒錯。『下限』不是 1 而是 0。」

蒂蒂：「所以得多加一個 100！答案不是 $100n$，而是 $100n + 100$！」

我：「沒錯。加總 $n + 1$ 個 100 才是正確答案，所以可以寫成 $100(n + 1)$。」

解答

$$\sum_{k=0}^{n} 100 = \underbrace{100}_{k=0} + \underbrace{100}_{k=1} + \underbrace{100}_{k=2} + \cdots + \underbrace{100}_{k=n}$$

$$= \underbrace{100 + 100 + 100 + \cdots + 100}_{n+1 \text{ 個}}$$

$$= 100(n + 1)$$

蒂蒂：「我好像經常漏看呢……」

我：「Σ 是表示總和的符號，因為是加法，所以的確不難，但必須確認加總的範圍才行喔！」

蒂蒂：「瞭解……抱歉，我老是粗心大意。」

我：「沒關係，不用特別跟我道歉啦。」

2.4 求總和

我：「妳以後看到 Σ，不會害怕了吧？」

蒂蒂：「咦？」

我：「妳可以解釋這個數學式的『結構』嗎？」

$$\sum_{k=1}^{n} f_k(x)$$

蒂蒂：「可以！是這樣吧？」

$$\sum_{k=1}^{n} f_k(x) = f_1(x) + f_2(x) + f_3(x) + \cdots + f_n(x)$$

我：「沒錯！不管 $f_k(x)$ 是什麼函數，$\sum_{k=1}^{n} f_k(x)$ 都表示

　　　整數 k 從 1 開始逐步增加至 n 的
　　　所有 $f_k(x)$ 之總和

　　妳知道為什麼會這樣了吧？」

蒂蒂：「知道！」

我：「也就是說，這個數學式與 $f_1(x) + f_2(x) + f_3(x) + \cdots + f_n(x)$
　　完全相同。只要瞭解 Σ 只是加法的一種形式，就不會害怕
　　了。」

蒂蒂：「我懂了！我試著寫出幾個簡單的例子，便不再害怕了，
　　真不可思議耶……說不定我也能和 Σ 當好朋友喔。」

我：「是啊，將數學式寫在紙上是習慣判讀數學式的重要過
　　程。」

蒂蒂：「這就像一邊看樂譜，一邊演奏樂器呢。」

我：「是啊。」

2.5　單純的疑問

蒂蒂：「對了，學長……我突然想到一件事。為什麼會有 Σ 這
　　　個符號呢？」

我：「什麼意思？」

蒂蒂：「已經有加號＋可以代表加法了啊？」

我：「是啊。」

蒂蒂：「既然這樣，為什麼要特地創造 Σ 呢？如果要表示
　　　$a_1 + a_2 + a_3$ 的總和，用加號＋寫就好了，為什麼要特地寫成
　　　$\sum_{k=1}^{3} a_k$ 的形式呢？」

我：「……」

　　這個問題具有非常深刻的意義──我是這麼想的。
　　該怎麼向她說明，她才能明白我想表達的意思呢？
　　再說，我真的完全理解 Σ 所代表的意義嗎？

蒂蒂：「學長？」

我：「嗯，這個嘛……」

蒂蒂：「請等一下，學長。關於『為什麼要用 Σ 來表示總和』，可以先聽聽我的想法嗎？每次都是我在提問題，讓我覺得自己好沒用。」

我：「好沒用？」

蒂蒂：「嗯。學長覺得這個理由怎麼樣呢？我覺得 Σ 可能隱藏著意想不到的秘密。」

我：「意想不到的秘密……」

蒂蒂：「我的意思是，＋的確可以表示加法，但 Σ 還可以表示其他種類的加法！」

我：「不是喔。舉例來說，下面這個等式，等號的左邊與右邊完全相同，並沒有什麼秘密。」

$$\sum_{k=1}^{3} a_k = a_1 + a_2 + a_3$$

蒂蒂：「這樣啊……說的也是。」

我：「Σ 和加法在表現方式上有所差異。這個回答有解開蒂蒂的疑惑嗎？」

蒂蒂：「什麼意思？」

我：「也就是說，$\sum_{k=1}^{3} a_k$ 是『簡潔有力的形式』，而 $a_1 + a_2 + a_3$ 則可以『使人易於理解數學式的形式』。想要用簡潔有力的

　　方式表達，即可用 Σ；想要使人輕鬆看懂數學式，則可使用加號＋。這兩者應該只是表達的方式不同吧。」

蒂蒂：「嗯⋯⋯可是⋯⋯」

我：「可是，妳覺得這個說明不夠充分⋯⋯」

蒂蒂：「是啊，Σ 的形式令人『難以理解』，既然如此，用加號＋把每個項，一個個加起來，不是比較方便嗎⋯⋯」

我：「嗯。」

蒂蒂：「啊，米爾迦學姊！」

　　蒂蒂朝圖書室的入口處揮了揮手。

2.6　米爾迦

米爾迦：「因為比較方便。」

　　對於蒂蒂提出來的疑問，米爾迦立刻給了答案。
　　她今年高中二年級，和我同班。
　　她留著一頭烏黑長髮，非常擅長數學，總是能對數學侃侃而談。
　　蒂蒂、米爾迦與我，是談論數學的好夥伴。

我：「用 Σ 是因為——比較方便？」

蒂蒂：「因為比較方便⋯⋯」

我：「這令人更摸不著頭緒了呢。」

米爾迦：「好吧，接下來我們來探討 Σ 『到底是哪裡方便』吧。」

蒂蒂：「啊，我正想要問這個問題！」

　　蒂蒂放下舉到一半的手。
　　接著，米爾迦像吟詩般開始說明。

米爾迦：「數學式是語言，而語言是思考的工具，也是表現的工具。砥礪工具、鍛鍊思考、磨練表現——Σ 和加號＋都在計算總和，意義相同，表現方式卻不同。數學式是語言，亦是一種表現方式。而使用不同表現方式，是因為目的不同。」

我：「妳講得相當抽象呢。」

米爾迦：「嗯。」

　　米爾迦對我的嘟囔不以為意。

蒂蒂：「米爾迦學姊，我想多加瞭解。使用 Σ 和加號＋有什麼不一樣呢？Σ 是哪裡方便呢？」

米爾迦：「舉例來說，Σ 用於總和的操縱，會比較方便喔。」

蒂蒂：「總和……」

我：「……的操縱？」

2.7　總和的操縱

米爾迦：「Σ 用於『總和的操縱』相當方便，因為 Σ 從另一個角度來看『總和的結構』。」

蒂蒂：「總和的操縱……總和的結構……這些到底是什麼意思呢？」

米爾迦：「我從簡單的例子開始說明吧。我們將 S_n 定義為 a_1 到 a_n 的總和，如下列數學式。」

$$S_n = a_1 + a_2 + a_3 + \cdots + a_n$$

我：「嗯。」

米爾迦：「依照這個定義，a_1 到 a_3 的總和可寫成 S_3。而 a_1 到 a_{100} 的總和可寫成 S_{100}。」

$$S_3 = a_1 + a_2 + a_3$$
$$S_{100} = a_1 + a_2 + a_3 + \cdots + a_{100}$$

蒂蒂：「嗯，S_n 的 n，也就是下標，可以任意改變！」

米爾迦：「用 Σ 定義總和，與用 S_n 定義總和是一樣的。」

$$\sum_{k=1}^{3} a_k = a_1 + a_2 + a_3$$
$$\sum_{k=1}^{100} a_k = a_1 + a_2 + a_3 + \cdots + a_{100}$$

蒂蒂突然舉手。

蒂蒂：「抱歉，打斷了妳。我知道依照 S_n 的定義，即可寫出 S_3 與 S_{100}。但是我不曉得這和 Σ 有什麼關係——對不起，我比較不會抓重點。」

米爾迦：「不然，我們來比較一般的加號＋和 Σ 的差別吧。」

蒂蒂：「拜託妳了。」

2.8 加號＋與 Σ 的差別

米爾迦閉上眼睛，緩下說話的節奏。

米爾迦：「我們現在想探討數列的總和。某個數列中，a_1 到 a_n 的所有數總和——稱為數列的**部分和**。有兩種方法可以表示數列的部分和，一種是用加號＋來表示。」

蒂蒂：「是的。」

用加號＋來表示部分和：

$$a_1 + a_2 + a_3 + \cdots + a_n$$

米爾迦：「另外一種方法是用 Σ 來表示。」

用 Σ 來表示部分和：

$$\sum_{k=1}^{n} a_k$$

米爾迦：「但這有個前提。一如蒂蒂剛才說的，有時用加號＋來表示部分和的確較易理解，所以並非任何情況都適合用 Σ。」

我：「因為加號＋可以表示整體情形，而 Σ 則較為簡潔。」

米爾迦：「沒錯。」

蒂蒂：「米爾迦學姊剛才說的，『總和的操縱』是什麼呢？」

米爾迦：「請看下面這個**問題**，Σ 可以使數學式如此變形。妳知道這樣的變形是在做什麼嗎？」

問題

下列數學式做了什麼？

$$\sum_{k=1}^{n} 2a_k = 2 \sum_{k=1}^{n} a_k$$

蒂蒂：「咦？」

我：「原來如此。我知道『總和的操縱』是什麼意思了。」

米爾迦：「是嗎？」

蒂蒂：「學長姊請等一下！請給我一點時間思考！」

　　蒂蒂打開她的筆記本，開始寫數學式。
　　大概一分鐘後，她抬起頭。

蒂蒂：「我知道了！2 被提到外面了！」

我：「是啊！」

蒂蒂：「假設 $n = 3$，再改用加號＋來表示，即可知道是怎麼一回事了。原式為 $2a_1 + 2a_2 + 2a_3$，提出三個項都有的 2，即變成 $2(a_1 + 2a_2 + 2a_3)$。」

用 Σ 表示：

$$\sum_{k=1}^{3} 2a_k = 2 \sum_{k=1}^{3} a_k$$

用加號＋表示：

$$2a_1 + 2a_2 + 2a_3 = 2(a_1 + a_2 + a_3)$$

解答

將下列式子的 2 提到 Σ 外面。

$$\sum_{k=1}^{n} 2a_k = 2 \sum_{k=1}^{n} a_k$$

我：「這就是妳說的『總和的操縱』吧。」

米爾迦：「這只是 "one of them"。」

蒂蒂：「這只是『其中一種情形』嗎？」

米爾迦：「再來一個問題吧，下列數學式在做什麼呢？」

> 問題
>
> 下列數學式做了什麼？
>
> $$\sum_{k=1}^{n}(a_k + b_k) = \sum_{k=1}^{n} a_k + \sum_{k=1}^{n} b_k$$

蒂蒂：「我想想看！請稍等！」

　　蒂蒂在筆記本寫下許多數學式，瞪大眼睛地盯著。

蒂蒂：「我知道了⋯⋯這改變了加法的前後順序吧。舉例來說，如果 $n = 3$，會變成這樣⋯⋯」

用 Σ 表示：

$$\sum_{k=1}^{3}(a_k + b_k) = \sum_{k=1}^{3} a_k + \sum_{k=1}^{3} b_k$$

用加號＋表示：

$$\underbrace{(a_1 + b_1)}_{k=1} + \underbrace{(a_2 + b_2)}_{k=2} + \underbrace{(a_3 + b_3)}_{k=3} = \underbrace{(a_1 + a_2 + a_3)}_{\text{第一個 }\Sigma} + \underbrace{(b_1 + b_2 + b_3)}_{\text{第二個 }\Sigma}$$

米爾迦：「的確，這是在改變加法的順序。」

> 解答
>
> 下列數學式改變了加法的順序。
>
> $$\sum_{k=1}^{n}(a_k + b_k) = \sum_{k=1}^{n} a_k + \sum_{k=1}^{n} b_k$$

蒂蒂:「原來如此!」

　　我也有「原來如此」的感覺。蒂蒂舉了一個實例,假設 $n =$ 3,並在自己的筆記本上計算結果,試著理解原理。

蒂蒂:「可是……我還是不太懂……為什麼大家都知道加法該怎麼運用,卻還要創造 Σ 呢?」

　　為什麼蒂蒂如此窮追猛打呢?這讓我有點困惑。她似乎很在意自己「是否真正理解原理」。

米爾迦:「我們來看看有哪些『操縱總和』的方法,只有 Σ 才做得到吧。」

2.9　拿掉其中一項

米爾迦:「接下來要談的『操縱總和』的方法,是『從數列的部分和中,拿掉一項』。」

蒂蒂:「所謂的項是指數列中一個一個的數,例如 a_1 與 a_2。」

米爾迦：「是的。我們會先用 Σ 算出數列的部分和，再『拿掉一項』，看會發生什麼事。舉例來說，把 a_1 拿掉，會得到這樣的等式。」

從數列的部分和中，拿掉 a_1

$$\sum_{k=1}^{n} a_k = a_1 + \sum_{k=2}^{n} a_k$$

我：「原來如此，是這個意思啊……」

蒂蒂：「我來試試看 $n = 3$ 會變怎樣吧！」

用 Σ 表示：

$$\sum_{k=1}^{3} a_k = a_1 + \sum_{k=2}^{3} a_k$$

用加號＋表示：

$$a_1 + a_2 + a_3 = a_1 + (a_2 + a_3)$$

我：「妳明白了吧。」

蒂蒂：「我到底有沒有明白 Σ 的意義呢？這個等式……原來是把 a_1 拿掉，再把 $k = 1$ 改成 $k = 2$，調高『下限』！」

我：「這個等式的確可以成立，不過米爾迦，這會用於什麼時
　　候呢？」

米爾迦：「我想想，舉例來說……」

問題

請求下列數學式的總和。

$$\sum_{k=0}^{n} 2^k$$

我：「原來是用於這種問題啊。」

蒂蒂：「哪種問題呢？……啊，請你們先別說出來！『舉例是
　　理解的試金石』，我用 $n = 3$ 為例來算算看吧！」

舉例來說，當 $n = 3$：

$$\sum_{k=0}^{3} 2^k = 2^0 + 2^1 + 2^2 + 2^3$$

蒂蒂：「原來如此，要把 2 的乘冪一個個加起來啊……」

米爾迦：「計算 $\sum_{k=0}^{n} 2^k$，常會用到下面這種方法。」

$$\sum_{k=0}^{n} 2^k = 2^0 + 2^1 + 2^2 + \cdots + 2^n \qquad \cdots ①$$

我：「就是把 Σ 用加號＋展開吧。」

米爾迦：「接著，將①的等號兩邊各乘以 2。」

$$2\sum_{k=0}^{n} 2^k = 2^1 + 2^2 + 2^3 + \cdots + 2^{n+1} \qquad \cdots ②$$

蒂蒂：「……是的。」

米爾迦：「再把②與①相互對照，且一一消去相同的項。」

$$2\sum_{k=0}^{n} 2^k = \qquad 2^1 + 2^2 + \cdots + 2^n + 2^{n+1} \cdots ②$$

$$-)\quad \sum_{k=0}^{n} 2^k = \quad 2^0 + 2^1 + 2^2 + \cdots + 2^n \qquad \cdots ①$$

$$\sum_{k=0}^{n} 2^k = -2^0 \qquad\qquad\qquad + 2^{n+1} \cdots ② - ①$$

蒂蒂：「咦？」

我：「中間的 $2^1 + 2^2 + \cdots + 2^n$ 在相減的過程中，相互抵銷了吧？」

米爾迦：「沒錯，這樣就能求出總和了。」

$$\sum_{k=0}^{n} 2^k = -2^0 + 2^{n+1} \qquad \text{由上面的計算結果可得}$$

$$= -1 + 2^{n+1} \qquad \text{因為 } 2^0 = 1$$

$$= 2^{n+1} - 1 \qquad \text{將項前後調換}$$

解答

$$\sum_{k=0}^{n} 2^k = 2^{n+1} - 1$$

我：「這麼一來，即可求出 $\sum\limits_{k=0}^{n} 2^k = 2^{n+1} - 1$ 的答案。」

米爾迦：「這種計算過程沒什麼大問題，接下來用 Σ 重寫一次吧。計算過程如下頁所示。」

$$\sum_{k=0}^{n} 2^k = 2 \sum_{k=0}^{n} 2^k - \sum_{k=0}^{n} 2^k$$

要求的答案等於答案乘以 2，再減掉答案本身

$$= \sum_{k=0}^{n} 2 \cdot 2^k - \sum_{k=0}^{n} 2^k$$

將 2 乘進 Σ

$$= \sum_{k=0}^{n} 2^{k+1} - \sum_{k=0}^{n} 2^k$$

由 $2 \cdot 2^k = 2^{k+1}$（指數法則）可得

$$= \sum_{k=1}^{n+1} 2^k - \sum_{k=0}^{n} 2^k$$

統一調整下限、上限，以及「和的本體」內的 k

$$= \boxed{\sum_{k=1}^{n} 2^k + 2^{n+1}} - \sum_{k=0}^{n} 2^k$$

將最後一項提至 Σ 外面

$$= \sum_{k=1}^{n} 2^k + 2^{n+1} - \left(\boxed{2^0 + \sum_{k=1}^{n} 2^k} \right)$$

將第一項提至 Σ 外面

$$= \sum_{k=1}^{n} 2^k + 2^{n+1} - 2^0 - \sum_{k=1}^{n} 2^k$$

將括弧拆開

$$= \cancel{\sum_{k=1}^{n} 2^k} + 2^{n+1} - 2^0 - \cancel{\sum_{k=1}^{n} 2^k}$$

兩個 Σ 完全相等，所以可相互抵銷

$$= 2^{n+1} - 1$$

因為 $2^0 = 1$

米爾迦：「好，這個部分到此結束。」

我：「等一下，在『統一調整下限、上限，以及和的本體內的 k』這個步驟，為什麼 $\sum_{k=0}^{n} 2^{k+1}$ 會變成 $\sum_{k=1}^{n+1} 2^k$ 呢？」

米爾迦：「你仔細想想就會明白喔。」

我：「……原來如此，是把『上限』和『下限』各加 1，而『和
的本體』內的 k 則減掉 1 啊！」

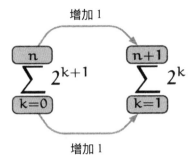

「上限」和「下限」各加 1

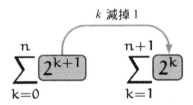

「和的本體」內的 k 減掉 1

我：「把『上限』和『下限』各加 1，並將『和的本體』內的 k
減掉 1，所得的答案不會改變。因為兩者都是從 2^1 加到 2^{n+1}
的總和。」

蒂蒂：「這樣啊……」

我：「我大概明白什麼是『總和的操縱』囉。」

蒂蒂：「那究竟是什麼呢？」

我：「Σ 的周圍會寫出上限、下限以及和的本體吧？把它們加
　　上 1 或減去 1，使它成為自己想要的形式，即稱作『總和
　　的操縱』。剛才米爾迦所做的計算，就是用下面的方法去
　　操縱總和喔。」

各種利用 Σ 操縱總和的方法

$$2\sum_{k=0}^{n} 2^k = \sum_{k=0}^{n} 2 \cdot 2^k \qquad \text{將 2 乘進 Σ（與提出 2 相反）}$$

$$\sum_{k=0}^{n} 2^{k+1} = \sum_{k=1}^{n+1} 2^k \qquad \text{統一調整下限、上限以及「和的本體」} \atop \text{內的 } k$$

$$\sum_{k=1}^{n+1} 2^k = \sum_{k=1}^{n} 2^k + 2^{n+1} \qquad \text{將最後一項提至 Σ 外面}$$

$$\sum_{k=0}^{n} 2^k = 2^0 + \sum_{k=1}^{n} 2^k \qquad \text{將第一項提至 Σ 外面}$$

米爾迦：「Σ 有利於操縱總和，是很方便的工具。操縱總和需
　　　　改變 Σ 的形式，使接下來的計算過程能順利進行。」

　　蒂蒂在筆記本上一一抄下計算步驟，接著抬頭看向我。

蒂蒂：「雖然我曉得各個步驟在做什麼，但要一次用上所有方
　　　法來計算，對我來說好像太困難了⋯⋯」

我：「這些改變數學式形式的方法，確實無法很快熟悉。」

米爾迦：「的確，這些計算過程需經大量練習才會習慣。不管是哪個公式都是這樣吧。」

蒂蒂：「沒錯！要花大量時間練習才會習慣！」

米爾迦：「如果妳還是不懂，可改回加號＋的形式來確認，不是一定要寫成 Σ 的形式。話雖如此，操縱總和還是方便許多。」

蒂蒂：「我會練習的！」

2.10 部分和與階差數列的關係

米爾迦站了起來，一邊走動一邊說明。

米爾迦：「如果不看首項，其實『求出部分和』以及『求出階差數列』這兩件事剛好相反呢。」

部分和與階差數列的關係

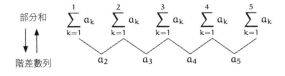

米爾迦：「從計算部分和的 Σ 數學式，拿掉一項，就像是削去總和的一部分。我們計算數列前 n 項的部分和，以及數列前 $n+1$ 項的部分和，並計算兩者的差異，就是在釐清『整體情形』和『局部情形』的關係。」

蒂蒂：「整體情形……」

我：「局部情形……」

米爾迦：「研究未知數列，必需先求出它的階差數列，也是在釐清『整體情形』和『局部情形』的關係。而在數學中，常見這兩者的關係所衍生出來的課題，例如遞迴式、數學歸納法、微分方程式等。」

蒂蒂：「音樂也是嗎？」

米爾迦：「音樂？」

蒂蒂：「我們通常會依照音符出現的順序聽完整段音樂，這就像數列中，一個個出現的項。而整首曲子的評價，卻是取決於當下聽到的這個音符之前，所有音符組成的記錄。」

米爾迦：「妳的比喻滿有趣的……」

瑞谷老師：「放學時間到了。」

　　瑞谷老師是圖書室管理員。
　　她制式化的宣告，為時間劃下一道嚴格的分界。
　　我們的數學對話在此告一段落——
　　接下來，就是每個人的個人思考時間了。

本書第 39 頁的樂譜來自 J.S.巴哈的「郭德堡變奏曲」開頭
（引自 http://www.mutopiaproject.org）。

「為了得到更多驚喜，試著去找尋新的意義吧！」

第 2 章的問題

●問題 2-1（以 Σ 表示）

請將以下數學式改用 Σ 表示。

① $1 + 2 + 3 + \cdots + n$

② $2 + 4 + 6 + \cdots + 2n$

③ $2^0 + 2^1 + 2^2 + \cdots + 2^{n-1}$

④ $a_1 + a_3 + a_5 + a_7 + \cdots + a_{99}$

（解答在第 222 頁）

●問題 2-2（Σ 的計算）

請求以下數學式的答案。

① $\displaystyle\sum_{k=10}^{11} 1$

② $\displaystyle\sum_{k=1}^{5} k$

③ $\displaystyle\sum_{k=101}^{105} (k - 100)$

（解答在第 224 頁）

第 3 章

優美的費波那契

> 「若猜想絕對不會猜錯，即不能稱為猜想。」

3.1　1024 之謎

由梨：「哥哥，你看那個。」

我：「嗯？」

我今天和表妹由梨，兩人一起來逛書店。
我看向她指的方向，那裡貼著一張新遊戲的海報。

由梨：「海報好像寫著『有 1024 種規律』耶！」

我：「是啊。」

由梨：「為什麼是 1024 這麼奇怪的數字呢？用 1000 等整數不
　　　是比較簡單嗎？」

我：「啊，妳想問這個啊？不只 1024，我們生活中常會看到一
　　　些莫名其妙的數字吧，例如 64 位元。」

由梨：「沒錯啦。」

我：「這些數字都屬於 2 的乘冪喔。」

由梨:「2 的乘冪?」

我:「是啊,又稱為 2 的連乘積。」

由梨:「這樣啊。」

我:「2 的乘冪是指『1 乘上數個 2 所得的數』,舉例來說,
1024 就是『1 乘上 10 個 2 所得的數』。」

$$1024 = 1 \times \underbrace{2 \times 2 \times 2 \times 2 \times 2 \times 2 \times 2 \times 2 \times 2 \times 2}_{10 \text{個}}$$
$$= 2^{10}$$

由梨:「原來如此。」

我:「如果從 1 開始,一個一個乘上 2,會得到 1, 2, 4, 8, 16, 32,
64, ...」

由梨:「出現 64 了!」

我:「再繼續算下去,可以得到 128, 256, 512, 1024, ...」

由梨:「出現 1024 了!」

我:「其實 2 的乘冪,指的是可以寫成 2^n 形式的數。而 $n = 0$,
1, 2, 3, 4, ...,所以——」

2 的乘冪

n	0	1	2	3	4	5	6	7	8	9	10	...
2^n	1	2	4	8	16	32	64	128	256	512	1024	...

由梨：「2^0 就是 1 吧？」

我：「沒錯，因為 2^0 是 1 乘上 0 個 2 的意思。」

$$2^0 = 1$$

由梨：「嗯。」

我：「不過嚴格來說，用指數法則來定義會比較精確。」

由梨：「為什麼『2 的乘冪』好像很常見啊？」

我：「2 的乘冪和電腦的關係密切，電腦可藉由開與關這兩種
模式的排列組合來進行計算。所以，和電腦相關的領域常
見 2 的乘冪喔。」

由梨：「原來如此。」

3.2 數列的研究

由梨：「之前哥哥玩黑白棋輸很慘的時候，不是有提到數列嗎？
就是黑白棋的階差數列呀。」

我：「妳可以不要提到輸很慘這件事嗎……」

由梨：「當時你告訴我『可愛的由梨啊，要研究數列，可以先
算出它的階差數列喔』……」

我：「先不管妳自行添加的台詞，階差數列真的很重要。研究
數列時，計算相鄰兩項的差，便可得到階差數列——這可
說是研究數列的標準模式。」

數列 $\langle a_n \rangle$ 以及對應的階差數列 $\langle b_n \rangle$

$$a_1 \quad a_2 \quad a_3 \quad a_4 \quad a_5 \quad \cdots$$
$$b_1 \quad b_2 \quad b_3 \quad b_4 \quad b_5 \quad \cdots$$

$$b_1 = a_2 - a_1$$
$$b_2 = a_3 - a_2$$
$$b_3 = a_4 - a_3$$
$$b_4 = a_5 - a_4$$
$$\vdots$$

由梨:「1, 2, 4, 8, 16, 32, 64, ... 這也算數列吧?」

我:「是啊。」

由梨:「所以我可以用階差數列來研究它囉?」

我:「嗯,當然!」

我們坐在電梯旁的沙發上,在廣告單的背面寫下數列。
數學對話在任何地方都能進行。

數列 1, 2, 4, 8, 16, 32, 64, ... 的階差數列

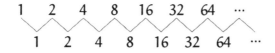

由梨:「哥哥,好有趣喔!你看,1, 2, 4, 8, ... 的階差數列還是
1, 2, 4, 8, ... 和原來的數列一樣耶!」

我:「的確,這是很厲害的發現喔。」

由梨:「之前從來沒有過這種情形耶。」

我:「是啊,因為我們之前研究的都是**等差數列**。等差數列是
指相鄰任兩項的『差』都一樣。舉例來說,奇數數列 1, 3,
5, 7, 9, 11, 13, ... 就是一種等差數列。」

1, 3, 5, 7, 9, 11, 13, ... 為等差數列（「差」都一樣）

$$
\begin{array}{ccccccccccccc}
1 & & 3 & & 5 & & 7 & & 9 & & 11 & & 13 & & \cdots \\
& 2 & & 2 & & 2 & & 2 & & 2 & & 2 & & 2 & & \cdots
\end{array}
$$

由梨：「1, 2, 4, 8, ... 不是等差數列嗎？」

我：「不是，這個數列稱作**等比數列**，是相鄰任兩項的『比』都一樣的數列，而非『差』一樣。」

1, 2, 4, 8, 16, 32, ... 為等比數列（「比」都一樣）

$$
\begin{array}{ccccccccccccc}
1 & & 2 & & 4 & & 8 & & 16 & & 32 & & 64 & & \cdots \\
& \times 2 & & \times 2 & & \times 2 & & \times 2 & & \times 2 & & \times 2 & & & \cdots
\end{array}
$$

由梨：「等比數列……」

我：「首項（第一項）逐一加上相同的數，便可得到等差數列。而這些加上去的數，即為等差數列的公差。反之，若首項逐一乘上相同的數，便可得到等比數列。舉例來說，1, 2, 4, 8, 16, 32, ... 的首項 1 即是乘上一個又一個的 2。而 2 就是此等比數列的公比。」

- 首項逐一加上相同的數（公差），可得到等差數列。
- 首項逐一乘上相同的數（公比），可得到等比數列。

由梨：「嗯……對了，哥哥，這個等比數列 1, 2, 4, 8, 16, 32, ... 的階差數列一樣是 1, 2, 4, 8, 16, 32, ... 吧？」

我：「沒錯。」

由梨：「所有等比數列的階差數列都和原數列相同嗎？」

我：「『由梨的猜想』很有趣喔。」

由梨的猜想

等比數列的階差數列和原數列相同嗎？

由梨：「不要隨便幫人家取『由梨的猜想』這種標題啦！」

我：「由梨覺得該怎麼證明呢？」

由梨：「咦？這個嘛……」

我：「妳只需要想想看其他的等比數列是否符合此猜想喔，妳可以用首項是 2、公比是 3 的等比數列為例。」

由梨：「公比是 3，表示每次都要乘上 3 嗎？」

我：「沒錯。首項是 2，由 2 開始每項都乘以 3。」

由梨：「所以……我想想……2，2×3 = 6，6×3 = 18……是這樣嗎？」

首項是 2，公比是 3 的等比數列

$$2 \quad 6 \quad 18 \quad 54 \quad 162 \quad \cdots$$
$$\times 3 \quad \times 3 \quad \times 3 \quad \times 3 \quad \cdots$$

我：「沒錯。這個數列的階差數列會長怎樣呢？」

由梨：「6 − 2 = 4，18 − 6 = 12，54 − 18 = 36……啊，和原數列不一樣！」

首項是 2、公比是 3 之等比數列的階差數列

$$2 \quad 6 \quad 18 \quad 54 \quad 162 \quad \cdots$$
$$4 \quad 12 \quad 36 \quad 108 \quad \cdots$$

我：「沒錯，不一樣。」

由梨：「所以等比數列的階差數列不一定會和原數列一樣。」

我：「是啊，等比數列的階差數列有可能和原本的數列相同，但不是每次都會與原本的數列相同。」

由梨：「嗯。」

我：「話說回來，由梨剛才親手實踐了**數學研究方法**呢。」

由梨：「研究方法……什麼意思？」

我：「由梨看到由2的乘冪所組成的數列，提出了自己的**猜想**。『等比數列的階差數列會與原數列相同』就是由梨的猜想。」

由梨：「可是我猜錯了啊！」

我：「即使**猜想不正確也沒關係**。一邊思考『這樣是對的嗎？』一邊提出猜想，是很重要的。」

由梨：「這樣啊。」

我：「先提出猜想，再用各種方法去檢查這個猜想是否正確。這種方式與數學家常做的『數學研究方法』很相近喔。」

由梨：「你會不會說得太誇張啦……」

我：「數學家會提出許多猜想，再一一驗證這些猜想是否正確。如果要說明一個猜想是正確的，必需提出**證明**。另一方面，如果要說明一個猜想是錯誤的，也必需提出證明，這就是**反證**。」

由梨：「證明和反證……可是由梨什麼也沒做啊！」

我：「有喔。由梨剛才不是算出 2, 6, 18, 54, ... 這個等比數列的
階差數列嗎？而且檢驗了這個階差數列和原數列是否相
等。換句話說，由梨剛才『舉了反例說明猜想是錯的』。
這就是典型的反證。」

由梨：「這樣啊……」

我：「可以否定『不論何時都會成立』的數學論述的例子，稱
作反例。因此，等比數列 2, 6, 18, 54, ... 就是『任何等比數
列的階差數列皆和原數列相同』的反例。」

由梨：「這樣就叫作證明嗎？」

我：「對。如果想證明『所有等比數列都會……』是錯的，只
要提出『不對，在某例不會成立！』的證據，即可用一個
例子推翻原本的論述。這就是反例。」

由梨：「原來如此。」

3.3　一般化

我：「我再多加說明等比數列吧。把等比數列一般化，可以寫
成 $a, ar, ar^2, ar^3, ... , ar^{n-1}, ar^n, ...$ 的形式喔。」

由梨：「哥哥，不要突然寫出 a、r 之類的符號，好嗎？」

我：「抱歉，我假設等比數列的首項是 a。雖然 a 應該是一個數，不過推導公式的時候，通常會用 a 符號來表示。接著，假設公比是 r，則等比數列可以看成 a 逐一乘上 r 所得的數列。這就是『將等比數列一般化』。」

將等比數列一般化

首項 a，公比是 r 的等比數列，形式如下。

$$a, \quad ar, \quad ar^2, \quad ar^3, \quad ar^4, \quad ar^5, \quad ...$$

由梨：「我懂了。」

我：「a 可寫成 ar^0，而 ar 可寫成 ar^1，由此可知，等比數列的一般項都擁有 ar^{n-1} 的形式。」

等比數列的一般項

首項是 a，公比是 r 的等比數列，一般項（第 n 項）可寫成以下形式。

$$ar^{n-1}$$

由梨：「一般項？」

我：「沒錯，數列的第 n 項又稱為**一般項**。只要知道等比數列的首項是 a、公比是 r，則有人問妳『第 n 項是多少』的時候，妳便能馬上回答 ar^{n-1}。」

3.4 如果「由梨的猜想」成立

由梨:「可是為什麼一定要『一般化』呢?」

我:「因為這樣可以一次考慮到所有情形啊。」

由梨:「所有情形?」

我:「妳想想看,雖然都是等比數列,但改變首項或公比的數,即可創造無數種等比數列吧。不過,如果利用符號一般化,就能把無數種等比數列整合成一種形式。舉例來說,如果 $a = 1, r = 2$,即會得到 1, 2, 4, 8, ... 的數列,而 $a = 2, r = 3$,則會得到 2, 6, 18, 54, ... 的數列。」

由梨:「這樣啊。」

我:「我突然想到,我們要不要研究『由梨的猜想』在什麼情況下會成立呢?」

由梨:「什麼意思?」

我:「任何等比數列的階差數列都和原數列相同——很可惜這個『由梨的猜想』是錯的,因為我們找到了反例。不過等比數列 1, 2, 4, 8, ... 的階差數列,和原本的等比數列相同,所以我們可以提出以下問題。」

> **問題 1（等比數列的階差數列）**
> 在什麼情況下，等比數列的階差數列會和原來的數列相同呢？

由梨：「咦？什麼意思？」

我：「我們剛才不是把等比數列一般化了嗎？寫成 $a, ar, ar^2, ar^3,$ $ar^4, \dots$ 的形式。接著，我們試著利用這種一般化的等比數列，來計算它的階差數列吧。得到階差數列，我們就能進一步推論『是否只有當 a 和 r 等於某些數值時，階差數列才會和原本的等比數列相同』，而這些數值是多少？」

由梨：「這樣啊！由梨算得出來嗎？」

我：「算得出來喔。妳算算看『一般化等比數列的階差數列』吧。首先，把『一般化的等比數列』寫下來。」

由梨：「嗯——像這樣嗎？」

$$a, \quad ar, \quad ar^2, \quad ar^3, \quad ar^4, \quad \dots$$

我：「沒錯，接著把兩者相減的結果排成數列。這就是階差數列的定義。」

由梨：「啊，這樣就可以了嗎？一開始是 $ar - a$，下一個是 $ar^2 - ar \cdots\cdots$」

$$ar - a, \quad ar^2 - ar, \quad ar^3 - ar^2, \quad ar^4 - ar^3, \quad \dots$$

我：「首項 $ar - a$ 可以提出 a，改成 $ar - a = a(r-1)$。」

由梨：「下一個是 $ar^2 - ar = a(r^2 - r)$ 吧！」

我：「這裡把 ar 提出來比較好，改成 $ar^2 - ar = ar(r-1)$。」

由梨：「啊，下一個要改成 $ar^3 - ar^2 = ar^2(r-1)$ 嗎？」

我：「接著，照順序寫下來……妳看得出規則嗎？」

$$a(r-1), \quad ar(r-1), \quad ar^2(r-1), \quad ar^3(r-1), \quad \ldots$$

由梨：「a 和 r 的乘冪，再乘上 $(r-1)$！」

我：「沒錯，等比數列的階差數列**全部都是**這種形式。每次都要說『等比數列的階差數列』這一大串，好像有點囉唆，先為它取個名字吧。」

- 設首項為 a、公比為 r 的等比數列為 $\langle a_n \rangle$
- 設 $\langle a_n \rangle$ 的階差數列為 $\langle b_n \rangle$。

由梨：「嗯。」

我：「這時，我們可以把階差數列 $\langle b_n \rangle$ 寫成以下形式。」

$$b_1 = a(r-1)$$
$$b_2 = ar(r-1)$$
$$b_3 = ar^2(r-1)$$
$$b_4 = ar^3(r-1)$$
$$\vdots$$

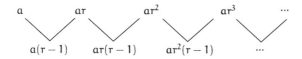

由梨：「喔……」

我：「妳看得出這個『等比數列的階差數列』，一般項是什麼嗎？我換個方式問，妳能用 a, r, n 的式子來表示 b_n 嗎？」

由梨：「是這樣嗎？」

$$b_n = ar^{n-1}(r-1)$$

我：「沒錯，由梨很厲害喔。」

由梨：「嘿嘿！」

我：「話說回來，$b_n = ar^{n-1}(r-1)$ 這個式子看起來很有趣吧！」

由梨：「哪裡有趣？」

我：「嗯，如果把 $ar^{n-1}(r-1)$ 改成 $a(r-1)r^{n-1}$ ……」

$$b_n = a(r-1)r^{n-1}$$

由梨：「咦？」

我：「數列 $\langle b_n \rangle$ 的一般項變成了 $\underline{a(r-1)r^{n-1}}$。仔細看這個式子，它和等比數列的一般項長得一樣吧？也就是說，數列 $\langle b_n \rangle$ 是首項 $\underline{a(r-1)}$、公比 r 的等比數列。」

由梨：「喔──！」

我：「藉由剛才的推導，我們可得到下頁的結論。」

> 首項 a、公比 r 的等比數列，階差數列為
> 「首項 $a(r-1)$、公比 r 的等比數列」。

由梨：「原來如此！」

我：「等比數列的階差數列不一定會與原數列相同，但一定是
　　一個等比數列喔。」

由梨：「真的嗎？」

我：「真的啊，我們舉個例子吧。以首項 $a = 2$、公比 $r = 3$ 的
　　等比數列為例，也就是 2, 6, 18, 54, 162, ...。它的階差數列
　　是 4, 12, 36, 108, ... 妳看，的確是首項 $a(r-1) = 4$、公比 $r =$
　　3 的等比數列吧！」

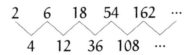

由梨：「$4 \times 3 = 12, 12 \times 3 = 36, ...$ 哇，真的耶！」

我：「我們回到『由梨的猜想』吧。」

由梨：「咦？」

我：「由剛才的推論，我們知道『等比數列的階差數列第 n 項』
　　為 $ar^{n-1}(r-1)$。而『由梨的猜想』究竟在什麼樣的情況下
　　才會成立呢——那就是在『等比數列的階差數列第 n 項』
　　與『等比數列的第 n 項』相同的時候！」

> 「由梨的猜想」成立的條件
>
> 等比數列的階差數列第 n 項 = 等比數列的第 n 項
>
> $$ar^{n-1}(r-1) = ar^{n-1}$$

由梨：「原來……原來如此！」

我：「仔細看這個數學式 $ar^{n-1}(r-1) = ar^{n-1}$。」

由梨：「嗯……」

我：「a 和 r 要等於多少，才能滿足這個數學式呢？先假設 $a \neq 0$ 且 $r \neq 0$，把等號兩邊都除以 ar^{n-1}，即可得到 r 的條件。」

$$ar^{n-1}(r-1) = ar^{n-1}$$
$$r-1 = 1 \qquad \text{等號兩邊皆除以 } ar^{n-1}$$
$$r = 2 \qquad \text{等號兩邊皆加上 } 1$$

由梨：「$r=2$？」

我：「是啊。因此，假設 $a \neq 0$ 且 $r \neq 0$，則會使『由梨的猜想』成立的條件變成 $r=2$。」

由梨：「如果是 $a=0$ 呢？」

我：「嗯，如果 $a=0$，會得到一個首項為 0 的等比數列，也就是 $0, 0, 0, \ldots$。」

由梨：「所以階差數列也是 $0, 0, 0, \ldots$。」

我：「如果是 $a \neq 0$ 而 $r = 0$ 呢？」

由梨：「我想想……這樣會得到數列 $a, 0, 0, \ldots$，階差數列是 $-a$, $0, 0, \ldots$！」

我：「沒錯。所以當 $a \neq 0$ 而 $r = 0$，階差數列並不會等於原數列，這樣就有考慮到所有情形了。最後可知，可使『由梨的猜想』成立的等比數列，僅限於首項為 0 的數列，或是公比為 2 的數列。」

由梨：「原來如此，我懂了！」

解答 1（等比數列的階差數列）

當等比數列的首項為 0，或是公比為 2，此等比數列的階差數列與原等比數列相同。

（注意：若首項為 0，則不論公比為何，皆為常數數列 0, $0, 0, \ldots$）

我：「雖然 $1, 2, 4, 8, \ldots$ 的首項為 1 而不為 0，但它的公比是 2，所以不論首項為何，皆符合由梨的猜想。再舉一個例子，請思考首項為 3、公比為 2 的等比數列，$3, 6, 12, 24, 48, 96,$ $\ldots$。」

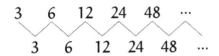

由梨:「真的耶！階差數列和原數列一樣！」

我 :「如果等比數列的階差數列與原等比數列相同，則首項為
　　0與公比為2，至少會有一個成立。反過來說，如果等比數
　　列的首項是0或公比是2，則它的階差數列會與原數列相
　　同，絕對沒有例外。由梨妳看，用一般項來思考是不是很
　　厲害呢？」

由梨:「原來如此，用一般項推導就能斷定結論『絕對』正確
　　呢！」

我 :「把無數的例子整理成一條數學式，是相當厲害的！」

3.5　深入探討

由梨:「我說哥哥啊，有沒有更有趣的問題呢？」

我 :「這個嘛……妳知道『費氏數列』嗎？」

由梨:「嗯，你以前好像跟我講過。」

我 :「數列 1, 1, 2, 3, 5, 8, ... 稱為**費氏數列**，因為它從 1, 1 開
　　始，把前面兩個數相加以得到下一個項。」

費氏數列

1, 1, 2, 3, 5, 8, 13, 21, 34, 55, ...

由梨:「喔——」

我:「研究一個未知數列——」

由梨:「要先『求出階差數列』！我來試試看！」

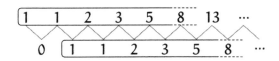

由梨:「咦！好神奇！費氏數列的階差數列就是**原數列往後移一位**耶！」

我:「正是如此。」

由梨:「咦？這是理所當然的吧？」

我:「哪裡理所當然呢？」

由梨:「因為費氏數列是由前兩個項相加，得到下一個項吧？因此取相鄰兩個項相減所得的差，一定會和這兩個項的上一個項相等啊。」

我:「嗯，這的確是理所當然啦，改變一下算式的形式即可發現此道理。妳先把費氏數列的數學式寫下來吧。」

由梨:「數學式?」

我:「假設費氏數列的一般項可寫成 F_n,則為 $F_1 = 1, F_2 = 1$。」

由梨:「沒錯。因為費氏數列是從 1, 1 開始的。」

我:「接著,$F_3 = 2$ 是由 $F_1 + F_2$ 算出來的。」

由梨:「前兩個項相加?」

我:「是啊。$F_3 = F_1 + F_2$,而 $F_4 = F_2 + F_3$。」

費氏數列各項的計算方式

$$F_1 = 1$$
$$F_2 = 1$$
$$F_3 = F_1 + F_2 = 1 + 1 = 2$$
$$F_4 = F_2 + F_3 = 1 + 2 = 3$$
$$F_5 = F_3 + F_4 = 2 + 3 = 5$$
$$\vdots$$

由梨:「原來如此。」

我:「因此,費氏數列可以寫成下頁的**遞迴式**。」

費氏數列的遞迴式

$$\begin{cases} F_1 = 1 \\ F_2 = 1 \\ F_{n+2} = F_n + F_{n+1} \ (n \geqq 1) \end{cases}$$

由梨:「……」

我:「由 $F_{n+2} + F_n + F_{n+1}$ 這個數學式,可得到以下數學式。」

$$F_{n+2} = F_n + F_{n+1} \qquad \text{根據費氏數列的遞迴式可得}$$
$$F_{n+2} - F_{n+1} = F_n \qquad \text{將 } F_{n+1} \text{ 移項}$$

由梨:「然後呢?」

我:「妳看,從等號左邊的 $F_{n+2} - F_{n+1}$,可以看出費氏數列的每一項皆為『後兩項相減所得的差』,同等於求階差數列喔。」

由梨:「哇——」

我:「等號右邊的 Fn 正是費氏數列的一般項,所以 $F_{n+2} - F_{n+1} = F_n$ 便可以說明為什麼『階差數列等於原數列』。」

由梨:「不對喔。」

我:「咦?」

由梨:「不是『階差數列等於原數列』,而是『階差數列等於原數列往後移一位』,才對吧?」

我：「唉呀，沒錯。」

真虧由梨能發現這種小地方呢。

由梨：「比起這個，有個地方讓我更在意。」

我：「什麼地方呢？」

由梨：「剛才由梨說『往後移一位』，哥哥便馬上寫出數學式了，為什麼你能馬上想到呢？」

我：「妳問為什麼我也不好回答啊……要確認數列有什麼特性，通常會寫出數學式喔。剛才我只是要確認『費氏數列的階差數列是否為原數列往後移一位』，才把定義費氏數列的公式列出來。」

由梨：「……」

我：「我喜歡『**想像一個實際例子，並用數學式確認**』。在學校上數學課是如此，自己在家看數學書籍也是如此。」

由梨：「想像一個實際例子，並用數學式確認……」

我：「用數學式確認正確與否是『很常見的事』。所以當由梨發現費氏數列的特性時，我馬上想到要『用數學式確認』。解決數學問題要用數學式，就像鎖螺絲要用螺絲起子一樣，是自然而然的方法。」

由梨：「嗯……所以反過來也一樣囉！」

我：「反過來？」

由梨：「把『想像一個實際例子，並用數學式確認』反過來，也可以『推導一個數學式，並用實際例子確認』。」

我：「確實是這樣。不過『用數學式確認』和『用實際例子確認』還是不太一樣。」

由梨：「咦？」

我：「『想像一個實際例子，並用數學式確認』要先想像一個具體例子，再確認這個例子是否在任何情況下都會成立，不是只限於自己想像的那個例子才會成立。」

由梨：「喔——」

我：「不過，『推導一個數學式，並用實際例子確認』則是先從數學式得到一般化的結果，再用具體例子代入驗算。」

由梨：「這樣啊……」

3.6　先變大再變小

我：「由梨，我出個問題給妳想一想吧。下頁這個和費氏數列很相似的數列，妳知道是怎麼來的嗎？」

> **問題 1（這個數列是怎麼來的？）**
>
> 1, 1, 2, 3, 5, 8, 3, 1, 4, 5, ...

由梨：「嗯……」

我：「來吧，究竟由梨能不能解開這個數列之謎呢？」

由梨：「它一開始和費氏數列完全一樣。」

我：「到 1, 1, 2, 3, 5, 8 為止是一樣的。」

由梨：「接下來卻不是 13 而是 3……啊，我知道了，是費氏數列的個位數吧！」

> **解答 1**
>
> 這個數列由費氏數列每項的個位數組成。
>
> | n | 1 | 2 | 3 | 4 | 5 | 6 | 7 | 8 | 9 | 10 | ... |
> |---|---|---|---|---|---|---|---|---|---|---|---|
> | F_n | 1 | 1 | 2 | 3 | 5 | 8 | 13 | 21 | 34 | 55 | ... |
> | F_n 的個位數 | 1 | 1 | 2 | 3 | 5 | 8 | 3 | 1 | 4 | 5 | ... |

我：「接下來的問題更有意思喔。」

由梨：「咦？」

我：「如果這個『費氏數列每項的個位數』所組成的數列一直寫下去，中間會不會**再次出現** 1, 1, 2, 3 呢？」

問題 2（是否重複出現）
如果把費氏數列的個位數提出來，變成另一個數列，這
個數列會不會「再次出現 1, 1, 2, 3」呢？

1, 1, 2, 3, 5, 8, 3, 1, 4, 5, …, $\underbrace{1, 1, 2, 3,}$…
　　　　　　　　　　　　　　　　　　　? ? ? ?

由梨：「應該……會出現吧？」

我：「絕對會出現嗎？」

由梨：「一直寫下去不就知道了——雖然這麼做很麻煩。」

我：「的確只要寫寫看就能確定答案啦……」

由梨：「你這種『要我再想想看』的口氣是怎麼回事啊！」

我：「一直寫下去，如果出現 1, 1, 2, 3，就可以肯定答案。但
　　是，也有可能寫了很多項，還是沒出現 1, 1, 2, 3 喔。」

由梨：「是沒錯啦。」

我：「如果一直沒出現，就只有下面這兩種可能吧？」

- 照著規則努力寫下去，但 1, 1, 2, 3 永遠不會出現。
- 照著規則努力寫下去，總有一天會出現 1, 1, 2, 3。

由梨：「可能永遠都不會出現啊⋯⋯」

我：「妳會怎麼做呢？」

由梨：「嗚──先讓我寫寫看！」

　　由梨在新的紙上寫起數列。

　　　1, 1, 2, 3, 5, 8, 3, 1, 4, 5, 9, 4, 3, 7,
　　　0, 7, 7, 4, 1, 5, 6, 1, 7, 8, 5, 3, 8, 1,
　　　9, 0, 9, 9, 8, 7, 5, 2, 7, 9, 6, 5, 1, 6,

由梨：「糟糕！居然沒出現 1, 1, 2, 3！」

我：「『居然沒出現 1, 1, 2, 3！』就是妳的結論嗎？」

由梨：「不是！我再多寫一點！」

　　　1, 1, 2, 3, 5, 8, 3, 1, 4, 5, 9, 4, 3, 7,
　　　0, 7, 7, 4, 1, 5, 6, 1, 7, 8, 5, 3, 8, 1,
　　　9, 0, 9, 9, 8, 7, 5, 2, 7, 9, 6, 5, 1, 6,
　　　7, 3, 0, 3, 3, 6, 9, 5, 4, 9, 3, 2, 5, 7,
　　　2, 9, 1, 0, 1, 1, 2, 3,

由梨：「出現 1, 1, 2, 3 了！費氏數列的個位數繞了好幾圈，終
　　　於回到 1, 1, 2, 3！只要出現 1, 1，接下來的數字就一定是 2,
　　　3 嘛。」

解答 2（是否重複出現）
若把費氏數列的個位數提出來，變成另一個數列，則這
個數列會再次出現 1, 1, 2, 3。

1, 1, 2, 3, 5, 8, 3, 1, 4, 5, 9, 4, 3, 7,
0, 7, 7, 4, 1, 5, 6, 1, 7, 8, 5, 3, 8, 1,
9, 0, 9, 9, 8, 7, 5, 2, 7, 9, 6, 5, 1, 6,
7, 3, 0, 3, 3, 6, 9, 5, 4, 9, 3, 2, 5, 7,
2, 9, 1, 0, <u>1, 1, 2, 3,</u> …

我：「由梨，哥哥在由梨找到答案之前，就已經知道答案了
　　喔。」

由梨：「你怎麼一副很驕傲的樣子啊。」

我：「我們剛才算的費氏數列，一開始是 1, 1 吧？」

由梨：「是啊。」

我：「其實不一定要從 1, 1 開始，只要任取兩個從 0 到 9 的整
　　數，由這兩個數開始，以『兩數相加所得的個位數』當作
　　下一個項，組成的數列一定會回到一開始的兩個數。」

> **問題3**（是否在任何情況下，皆會重複出現）
> 任取兩個從0到9的整數，將「兩數相加所得的個位數」
> 當作下一個項，組成一個數列。
> 這個數列是否一定會再次出現一開始的兩個數？不管這
> 兩個數是多少都會再次出現嗎？

由梨：「一定會再出現嗎？」

我：「一定會喔。」

由梨：「絕對？」

我：「絕對！」

由梨：「你試過全部的數嗎？」

我：「沒有，我沒測試過任何數字，而且由梨剛才計算數列的
　　　過程，我是第一次看到。」

由梨：「為什麼你可以確定這個推論是對的呢？」

我：「因為可以證明。」

由梨：「又是證明……」

我：「這就是數學的力量，即使沒有實際試過，即使無法測試
　　　所有情形，只要能證明，就能提出絕對正確的論點。這就
　　　是數學的力量。」

由梨：「我知道數學很厲害啦，快教我怎麼做。」

我：「我先告訴妳一個簡單的提示吧，接下來由梨應該能自己
　　推導。」

由梨：「提示？」

我：「$(1, 1)$、$(1, 9)$、$(3, 1)$ 這種兩兩配對的一位數，總共有幾種
　　配對方式呢？」

由梨：「這算提示嗎？我想想……應該是 100 種吧？從 $(0, 0)$ 開
　　始，$(0, 1)$、$(0, 2)$ ……最後是 $(9, 9)$。啊！」

我：「懂了嗎？」

由梨：「我懂了。最多只有 100 種！」

我：「沒錯。將數列 $1, 1, 2, 3, 5, 8, ...$ 的項兩兩配對，再看一遍
　　這些數對的排列吧。$(1, 1), (1, 2), (2, 3), (3, 5), (5, 8), ...$」

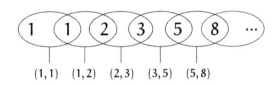

由梨：「數對再怎麼寫，最多只有 100 種，所以總有一天會重
　　複。」

我：「正是如此。設數對 (x, y) 的 $x = 0, 1, ..., 9$，而 $y = 0, 1, ...,$
　　9，則數對的種類絕不會超過 100 種。所以，當我寫到第
　　101 個數對，這 101 個數對當中，至少會有 1 個數對**重複**
　　出現。」

由梨：「嗯。」

我：「『一定會重複出現』這個現象可以用**鴿籠原理**來說明。」

由梨：「鴿籠原理？」

3.7 鴿籠原理

我：「是啊。寫再多數對，也只會出現 100 種。如果寫到第 101 個數對，則這 101 個數對中，至少會有 1 個數對重複出現。這就是鴿籠原理。」

由梨：「那個……鴿籠原理是什麼啊？」

我：「假設鴿籠有 100 個，卻有 101 隻鴿子要關進鴿籠……」

由梨：「會有多出來的鴿子！」

我：「假設我們把多出來的鴿子硬塞進去，101 隻鴿子全塞進 100 個鴿籠。這時，一定有某個鴿籠關了 2 隻鴿子。這就是鴿籠原理。」

由梨：「這種事不用你說我也知道啊！」

我：「沒錯，很簡單吧。這同於我們的例子『最多只有 100 種數對，但我們卻寫出 101 個數對，所以一定有重複的數對』。」

由梨：「啊──原來如此！」

我：「把鴿籠原理一般化會像這樣……」

鴿籠原理

假設 n 個鴿籠，共關了 $n+1$ 隻鴿子，

則必有鴿籠關了 2 隻鴿子。

鴿籠原理（$n=4$）

由梨：「嗯嗯。」

我：「不過這還不足以得到答案。雖然我們知道一定會出現重複的數對，但我們無法證明第一個重複的數對，與一開始的數對相同。」

由梨：「真的耶。」

我：「不過，第一個重複的數對，的確是一開始的數對。」

由梨：「為什麼？」

我：「我們先假設第一個重複的數對並不是一開始的數對吧。這麼一來，第一個重複的數對會合流到中間的某個數對。我們假設一開始的數對是 $(1, 1)$，而第一個重複的數對是 (B, C)。」

$$(1,1) \longrightarrow (1,2) \longrightarrow (2,3) \cdots\cdots \longrightarrow (A,B) \longrightarrow (B,C) \cdots\cdots \longrightarrow (D,B)$$

由梨:「接下來呢?」

我:「這麼一來,我們可推論,(A,B) 和 (D,B) 這兩個數對的下一個數對都是 (B,C)。然而,這樣的推論卻是錯的。」

由梨:「為什麼?」

我:「數對 (B,C) 的前一個數對可能是 (A,B) 或 (D,B),由我們建立數對的方法可知,$A+B$ 的個位數和 $D+B$ 的個位數皆等於 C。換句話說,『$A+B$ 的個位數』和『$D+B$ 的個位數』相等。而 A,B,C,D 皆為 0 到 9 的某個整數,因此大略思考便可推得 $A=D$ 的結果。因此,(A,B) 和 (D,B) 是相同、重複的數對。」

由梨:「喔?」

我:「不過,我們一開始假設 (B,C) 是第一個重複的數對,這和我們的結果相互矛盾,在 (B,C) 之前,(A,B) 已經重複了。」

由梨:「喔!」

我:「結果與前面的假設『第一個重複的數對並不是一開始的數對』矛盾,所以『第一個重複的數對就是一開始的數對』才是正確的。這稱為反證法。」

由梨:「反證法……」

我：「因此，由剛才的結論可知，把數列改成數對，若有重複的數對，則第一個重複的數對一定是一開始的數對，因為只有一開始的數對不會有『合流』的現象。」

$$(1,1) \longrightarrow (1,2) \longrightarrow (2,3) \longrightarrow \cdots\cdots$$

由梨：「哇！」

我：「由鴿籠原理可知，若數對一直寫下去一定會重複，接著利用反證法，便可證明第一個重複的數對一定是一開始的數對，證明結束。結論是任取兩個由 0 到 9 的整數，以『前兩數相加的個位數』所組成的數列，一定會回到一開始的兩個數。」

由梨：「原來如此……」

解答 3（是否在任何情況下皆會重複出現）
任取兩個從 0 到 9 的整數，將「兩數相加所得的個位數」
當作下一個項，組成一個數列。
這個數列必定會再次出現一開始的兩個數。

我：「嗯，妳明白就好。」

由梨：「對了哥哥，剛才你提到，因為『$A + B$ 的個位數』和『$D+B$ 的個位數』相等，所以 $A=D$ 吧。這是為什麼呢？」

我：「這個啊，只要妳還記得 A, B, C, D 是 0 到 9 的某個數，就
　　會知道為什麼囉。妳想想看吧！」

參考文獻：中村滋《費氏數列的小宇宙》（日本評論社）

「如果一個猜想只涉及到眼前的事物，便不能稱為猜想。」

第 3 章的問題

●問題 3-1（等比數列的一般項）
設以下數列皆為等比數列，請用 n 來表示以下數列的一般項。

① 1,　0.1,　0.01,　0.001,　0.0001,　…

② $\sqrt{2}$,　2,　$2\sqrt{2}$,　4,　$4\sqrt{2}$,　…

③ 1,　$-\dfrac{1}{2}$,　$\dfrac{1}{4}$,　$-\dfrac{1}{8}$,　$\dfrac{1}{16}$,　…

（解答在第 227 頁）

●問題 3-2（等差數列的一般項）
設一等差數列首項為 a、公差為 d，請用 a, d, n 來表示此數列的第 n 項。

（解答在第 228 頁）

●問題 3-3（階差數列與原數列相同）

「我」和由梨曾思考有哪個數列的階差數列會與原數列相同，而他們最後只想到等比數列符合此條件。請你想想看，除了等比數列，還有沒有哪個數列的階差數列，與原數列相同？

（解答在第 229 頁）

第 4 章

先取 Σ 再開根號

「若不曉得該往哪個方向前進，便永遠無法接近答案。」

4.1 在圖書室

放學後，我一如往常在圖書室讀數學。讀到一半時，學妹蒂蒂從圖書室的入口慢慢走過來，手上拿著某物。

我：「蒂蒂，那是什麼？」

蒂蒂：「嗯……這是村木老師給我的『卡片』。」

蒂蒂將「卡片」擺在桌上。
卡片上寫著一道數學式。

村木老師的「卡片」

$$\sqrt{\sum_{k=1}^{n} k}$$

我：「嗯，這是『研究課題』吧？」

蒂蒂：「『研究課題』是什麼？」

我：「老師把這張卡片交給妳的時候，有沒有說什麼呢？」

蒂蒂：「老師要我自由想像卡片上的內容……只有這樣。」

我：「確定是『研究課題』呢。村木老師有時候會給我們這種『卡片』，不過每次都要我們自由想像。」

蒂蒂：「但老師沒有說什麼時候要把答案交給他。」

我：「嗯，不交這些課題的答案也沒關係。這不是考試，和成績沒什麼關係，老師只是希望我們以它為題材自由想像，想什麼都可以。」

蒂蒂：「可是，人家完全看不懂這是什麼題目！」

　　蒂蒂不安地重看好幾遍「卡片」。

我：「嗯，研究村木老師的『研究課題』，要自己擬定題目，然後自己找解答。討論的範圍很自由，所以放輕鬆就好囉，蒂蒂。」

蒂蒂：「……可是，我要想像些什麼呢？」

我：「我們一起來想想看吧，先從 $\sqrt{\sum\limits_{k=1}^{n} k}$ 開始。」

蒂蒂：「好的！請教我如何擬定題目！拜託你了。」

蒂蒂對我深深一鞠躬。

於是，我們開始了今天的數學對話。

4.2 取 Σ

我：「蒂蒂，妳看到 $\sqrt{\sum_{k=1}^{n} k}$ 這個數學式，有什麼想法嗎？」

蒂蒂：「嗯，我一開始覺得『看起來好難』，又是 Σ 又是根號的。」

我：「不過，不久前我們練習過 Σ，這妳應該沒問題吧。」

蒂蒂：「是的，**取 Σ** 的方法我記得很清楚。」

我：「取 Σ？」

蒂蒂：「啊，不好意思，這是我自己的說法……」

我：「取 Σ 該不會是指，用 Σ 計算吧？」

蒂蒂：「就是這個意思……」

　　蒂蒂的臉突然紅了起來。

我：「好，我們一起來取 Σ 吧！」

蒂蒂：「好的！一起取 Σ 吧！」

　　蒂蒂與我相視而笑。

4.3　理論

我：「妳知道如何判讀 $\sqrt{\sum\limits_{k=1}^{n} k}$ 這個數學式嗎？」

蒂蒂：「我知道 Σ 的部分是指『使 k 從 1 逐漸增加至 n，所得的 k 總和』。」

我：「要依照著理論一步步來喔。」

蒂蒂：「我應該怎麼做呢？」

我：「想確認自己的理解是否正確，一定要做某個步驟。」

蒂蒂：「啊！『舉例是理解的試金石』！」

我：「沒錯。想確認自己是否理解，只需把具體的**數字代進去算**。」

　　舉例是理解的試金石——這是我們每次都會強調的精神。想要享受數學的樂趣，就必須確認自己是否真的理解，而要達到這個目的，舉例說明即是最有效的方法。

蒂蒂：「好的。」

我：「舉例來說，若 $n=1$，$\sqrt{\sum\limits_{k=1}^{n} k}$ 會等於多少呢？」

蒂蒂：「我試試看。是這樣吧？」

$$\sqrt{\sum_{k=1}^{n} k} = \sqrt{\sum_{k=1}^{1} k}$$

我：「……」

蒂蒂：「咦？不對嗎？」

我：「雖然沒有不對，但可以再往前一步喔。」

若 $n = 1$

$$\sqrt{\sum_{k=1}^{n} k} = \sqrt{\sum_{k=1}^{1} k} = \sqrt{1}$$

蒂蒂：「啊，真的耶，最後得到 $\sqrt{1} = 1$。」

我：「嗯，接下來，$n = 2$。」

蒂蒂：「好的！」

若 $n = 2$

$$\sqrt{\sum_{k=1}^{n} k} = \sqrt{\sum_{k=1}^{2} k} = \sqrt{1+2} = \sqrt{3}$$

我：「妳看，把實際的數代進去算，是不是簡單許多呢？」

蒂蒂：「是的，解決 Σ 之後，看起來簡單多了。」

我：「再代入幾個數吧，例如 $n = 3$。」

若 $n = 3$

$$\sqrt{\sum_{k=1}^{n} k} = \sqrt{\sum_{k=1}^{3} k} = \sqrt{1 + 2 + 3} = \sqrt{6}$$

蒂蒂：「嗯，我大概懂了。那個⋯⋯如果把 n 換成 $1, 2, 3, 4, \ldots$，
　　　得到的數值會像這樣吧。」

把數學式 $\sqrt{\sum_{k=1}^{n} k}$ 的 n 換成 $1, 2, 3, 4, \ldots$ 所得到的數值：

若 $n = 1$ $\qquad\qquad$ $\sqrt{1}$

若 $n = 2$ $\qquad\qquad$ $\sqrt{1 + 2} = \sqrt{3}$

若 $n = 3$ $\qquad\qquad$ $\sqrt{1 + 2 + 3} = \sqrt{6}$

若 $n = 4$ $\qquad\qquad$ $\sqrt{1 + 2 + 3 + 4} = \sqrt{10}$

$$\vdots$$

我：「妳整理得很漂亮喔。」

蒂蒂：「少了 Σ 輕鬆好多。」

我：「我能明白妳的心情，不過 Σ 可以把過程濃縮成一個符號，相當方便呢。」

蒂蒂：「什麼意思？」

我：「剛才蒂蒂寫了一大堆數學式，一一計算 $n = 1, 2, 3, 4, \ldots$ 吧？」

蒂蒂：「是啊。」

我：「$\sqrt{\sum_{k=1}^{n} k}$ 的 $n = 4$ 會得到 $\sqrt{1+2+3+4}$，而 $n = 10$ 會得到 $\sqrt{1+2+3+4+5+6+7+8+9+10}$。$n$ 有無限多種可能，會得到無限多種結果，不過 $\sqrt{\sum_{k=1}^{n} k}$ 這個數學式即可**表現無限多道數學式**。」

蒂蒂：「原來如此，是這個意思啊。」

我：「而且，把實際的數代進去，例如 $\sqrt{1+2+3+4}$，再回頭看 $\sqrt{\sum_{k=1}^{n} k}$ 這個數學式，就不會像一開始那麼討厭了吧？」

蒂蒂：「對啊，我剛才就覺得好像沒那麼討厭了。一開始覺得『哇……又是 Σ』，不過把具體的數 $n = 1, 2, 3, 4$ 代進去計算，$\sqrt{\sum_{k=1}^{n} k}$ 便成為『$1 + 2 + 3 + 4 + \cdots + n$ 開根號』，很好懂。」

$$\sqrt{\sum_{k=1}^{n} k} = \sqrt{1+2+3+4+\cdots+n}$$

我：「是啊。我在讀超出學校授課範圍的數學書籍時，常常有和蒂蒂一樣的感覺喔。」

蒂蒂：「真的嗎！」

4.4　學數學的方法

我：「讀書常常會碰到困難的數學式。」

蒂蒂：「對啊。」

我：「遇到很複雜的數學式，先用比較小的數代進去，盡可能用具體的例子來思考。」

蒂蒂：「像是 1, 2, 3 嗎？」

我：「是啊。當妳發現『原來這個數學式是這個意思啊』，就能往前進囉。」

蒂蒂：「……」

我：「以這個方式持續下去，便能漸漸習慣那些原本看起來很複雜的數學式。」

蒂蒂：「學長！」

我：「怎麼啦？」

蒂蒂：「啊，不好意思。我覺得剛才學長說的話，講出我的心聲！學校老師都不會告訴我這些。老師只會一直說要預習、要複習、一天要坐在桌子前面幾個小時，習題本要寫到第幾頁……剛才學長說『遇到很複雜的數學式，先用比較小的數代進去』，是老師從來沒提過的。」

我：「我想老師上課的時候，應該有說過類似的話喔。」

蒂蒂：「真的嗎……我有問題想請教學長！『先用比較小的數代進去』的做法，學長一開始是從哪裡聯想到的呢？」

我：「這個嘛──這是個很根本的問題呢，蒂蒂。」

蒂蒂：「對不起……我好像問了很奇怪的問題。」

我：「不會，這個問題相當重要。『先用比較小的數代進去』的想法是從哪裡聯想到的……是從哪裡呢？」

蒂蒂：「嗯，是從哪裡呢？」

　　蒂蒂水汪汪的大眼閃閃發光，她的身體靠向我，傳來濃郁的香甜氣味。

我：「我是因為『渴望明白真相』，所以才想到的吧。」

蒂蒂：「渴望明白真相？」

我：「讀書的時候，如果看見一個複雜的數學式，乍看之下不曉得它是什麼意思，妳不會想搞懂嗎？」

蒂蒂：「想搞懂啊……」

我：「這個數學式好難，不想再看到它的想法反而讓人沮喪。想搞懂它、想確實暸解，學數學最需要這種渴望。即使我一開始完全不曉得這個數學式該從何下手，但只要有一點點想暸解這個數學式的渴望，就能驅使我聯想到『用 $n=1$ 代入吧』。」

蒂蒂：「……」

我：「用比較小的數代入，可讓人看出端倪，但還不會完全明白，所以再試試看其他數。一直試下去，可能會靈光一閃想到答案，也可能依舊找不到答案，因為用比較小的數測試只是一種『理解』的方法。如果還是無法理解，再用其他方法來試試看吧。為了理解一個數學式，我會竭盡所能地嘗試。」

蒂蒂：「任何方法嗎？」

我：「是啊，蒂蒂。總之，保持『好想知道這個數學式在講什麼，真的好想知道』的心情就對了，接著妳會開始思考，有沒有什麼事是自己做得到的。即使只有一點點進展也好，只要是能『理解』這個數學式的方法，妳都會去試。」

蒂蒂：「……」

我：「所以我覺得『渴望明白真相』的想法非常重要。」

蒂蒂：「這就像……『對喜歡的人有著強烈的思念』一樣……」

　　蒂蒂點著頭說。

4.5 開根號

我：「在妳習慣數學式之前，多多思考吧。」

蒂蒂：「好的，我知道。」

我和蒂蒂再次把注意力集中於 $\sqrt{\sum_{k=1}^{n} k}$。

我：「當 $n = 1, 2, 3, 4, \ldots$ 結果會是多少呢？」

蒂蒂：「會變成 $\sqrt{1}, \sqrt{3}, \sqrt{6}, \sqrt{10}, \ldots$。」

我：「我想到一個讓我『渴望明白真相』的問題喔。」

蒂蒂：「什麼問題？」

我：「把蒂蒂剛才算出來的 $\sqrt{1}, \sqrt{3}, \sqrt{6}, \sqrt{10}, \ldots$ 排成一列，看起來就是個**數列**吧？」

蒂蒂：「是啊，把數字排成一列就是數列的樣子。」

$$\sqrt{1}, \quad \sqrt{3}, \quad \sqrt{6}, \quad \sqrt{10}, \quad \ldots$$

我：「那麼這個數列是什麼樣的數列呢？這就是我的問題。雖然我目前完全沒有頭緒。」

> **問題 1**
> 這是什麼樣的數列呢？
>
> $$\sqrt{1}, \quad \sqrt{3}, \quad \sqrt{6}, \quad \sqrt{10}, \quad \dots$$

蒂蒂：「什麼樣的數列⋯⋯我要回答等差數列這種名稱嗎？」

我：「當然，如果它是等差數列這種大家都很熟悉的數列，只需直接回答名稱。但是，這個數列怎麼看也不像等差數列。關於這個數列，蒂蒂有想到什麼嗎？什麼都可以喔。或者說，關於這個數列，蒂蒂『有沒有渴望明白』的真相呢？」

蒂蒂：「啊，學長是這個意思啊。什麼真相都可以嗎？」

我：「嗯，什麼都可以喔。不過如果這個數列沒有名字，討論起來有點麻煩，不如我們先為它取個名字吧，例如數列 $\langle a_n \rangle$。」

$$a_1 = \sqrt{1}$$
$$a_2 = \sqrt{1+2} = \sqrt{3}$$
$$a_3 = \sqrt{1+2+3} = \sqrt{6}$$
$$a_4 = \sqrt{1+2+3+4} = \sqrt{10}$$
$$\vdots$$
$$a_n = \sqrt{1+2+3+4+\cdots+n}$$
$$\vdots$$

蒂蒂：「啊！學長！剛才你為數列『**取名**』也是因為『渴望明白真相』吧！為了瞭解這個數列，所以先為它取一個名字。」

我：「嗯，沒錯，蒂蒂很聰明喔。」

蒂蒂：「沒有啦，我只是突然有這種感覺。」

蒂蒂揮揮手否認。

我：「接著來研究數列 $a_1, a_2, a_3, a_4, ...$ 吧。不管是多小的細節都可以，我們找找看數列 $\langle a_n \rangle$ 有什麼特殊之處。」

蒂蒂：「不管是多小的細節都可以嗎？」

我：「是的。」

蒂蒂：「看起來沒什麼大不了的小細節也可以吧？例如 $a_1 = 1$ 等等？」

我：「當然可以。代入較小的數字，便可求出 a_1, a_2, a_3 的實際數值。」

蒂蒂：「是的。我再想想其他渴望明白的真相……」

我：「妳覺得這個怎麼樣？當 n 變大，a_n 是不是會跟著變大呢？」

蒂蒂：「是的，a_n 會跟著變大。$\sqrt{3}$ 比 $\sqrt{1}$ 大，而 $\sqrt{6}$ 比 $\sqrt{3}$ 大。」

我：「沒錯！」

$$a_1 < a_2 < a_3 < \ldots$$

蒂蒂：「學長？這能不能畫成圖呢？」

我：「對耶，聽起來不錯！為了『明白』數列 $\langle a_n \rangle$ 的真相，把它畫成圖吧。」

蒂蒂：「好的。我們現在只知道這個數列的項會越來越大，但還不曉得它增加的過程是如何！」

我和蒂蒂利用計算機，做出了下面這張表。

$$
\begin{aligned}
a_1 &= \sqrt{1} &&= 1 \\
a_2 &= \sqrt{3} &&= 1.7320508\cdots \\
a_3 &= \sqrt{6} &&= 2.4494897\cdots \\
a_4 &= \sqrt{10} &&= 3.1622776\cdots \\
a_5 &= \sqrt{15} &&= 3.8729833\cdots \\
a_6 &= \sqrt{21} &&= 4.5825756\cdots \\
a_7 &= \sqrt{28} &&= 5.2915026\cdots \\
a_8 &= \sqrt{36} &&= 6 \\
a_9 &= \sqrt{45} &&= 6.7082039\cdots \\
a_{10} &= \sqrt{55} &&= 7.4161984\cdots \\
a_{11} &= \sqrt{66} &&= 8.1240384\cdots \\
a_{12} &= \sqrt{78} &&= 8.8317608\cdots \\
a_{13} &= \sqrt{91} &&= 9.5393920\cdots \\
a_{14} &= \sqrt{105} &&= 10.246950\cdots \\
a_{15} &= \sqrt{120} &&= 10.954451\cdots \\
a_{16} &= \sqrt{136} &&= 11.661903\cdots \\
a_{17} &= \sqrt{153} &&= 12.369316\cdots \\
a_{18} &= \sqrt{171} &&= 13.076696\cdots \\
a_{19} &= \sqrt{190} &&= 13.784048\cdots \\
a_{20} &= \sqrt{210} &&= 14.491376\cdots
\end{aligned}
$$

蒂蒂：「學長，雖然這個數列的項的確有持續增加……但增加

的幅度好像不大耶。」

我：「的確，我本來以為增加的幅度很大呢。」

　　畫出圖後，我們都吃了一驚。

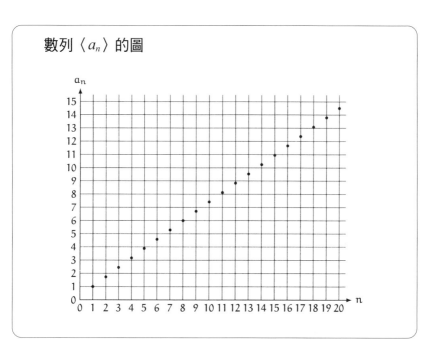

數列〈a_n〉的圖

蒂蒂：「學長！」

我：「蒂蒂！」

蒂蒂：「這是直線嗎？」

我：「咦？所以這是等差數列？怎麼可能！」

4.6　發現

蒂蒂：「嚇我一大跳！」

我：「不對，這絕對不可能是等差數列。」

蒂蒂：「應該不是村木老師給的『卡片』寫錯了吧？」

村木老師給的「卡片」

$$\sqrt{\sum_{k=1}^{n} k}$$

我：「不管卡片有沒有寫錯，都和村木老師沒有關係喔，現在我們想解決的，是我們自己提出的問題。」

問題 1（再看一次）

這是什麼樣的數列呢？

$$\sqrt{1},\ \sqrt{3},\ \sqrt{6},\ \sqrt{10},\ \ldots$$

蒂蒂：「我有點混淆了，讓我整理一下！」

蒂蒂的整理

① 這是村木老師「卡片」上的數學式。

$$\sqrt{\sum_{k=1}^{n} k}$$

② 設這個數學式可表示數列 $\langle a_n \rangle$ 的第 n 項。

$$a_n = \sqrt{\sum_{k=1}^{n} k}$$

③以下是這個**數列**的前幾項。

$$\sqrt{\sum_{k=1}^{1} k}, \quad \sqrt{\sum_{k=1}^{2} k}, \quad \sqrt{\sum_{k=1}^{3} k}, \quad \sqrt{\sum_{k=1}^{4} k}, \quad \dots$$

④若不使用 Σ，可寫成這樣。

$$\sqrt{1}, \quad \sqrt{1+2}, \quad \sqrt{1+2+3}, \quad \sqrt{1+2+3+4}, \quad \dots$$

⑤計算根號，得到以下結果：

$$\sqrt{1}, \quad \sqrt{3}, \quad \sqrt{6}, \quad \sqrt{10}, \quad \dots$$

⑥用計算機算出**數值**。

$$1, \quad 1.7320508\cdots, \quad 2.4494897\cdots, \quad 3.1622776\cdots, \quad \dots$$

⑦接著畫成圖──

蒂蒂：「接著畫成圖──」

我：「嗯，圖的確是長這樣，沒錯。」

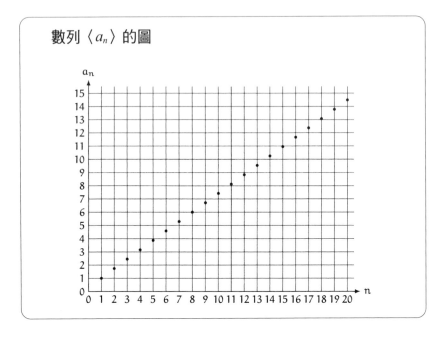

數列〈a_n〉的圖

蒂蒂：「這些點都排在同一條直線上吧？」

我：「並非如此喔，妳算算看就知道了。」

蒂蒂：「算算看？」

我：「如果這些點都在同一條線上，任一項和次項相減，所得的差必定維持固定值。」

蒂蒂：「沒錯，所以要減減看嗎？」

我：「是啊，我們來算算看數列〈a_n〉的**階差數列**吧。」

蒂蒂:「啊,原來如此!」

我:「依照研究數列的原理,算出階差數列,妳只需算出 $a_{n+1} - a_n$。」

我和蒂蒂又開始按計算機。

$$
\begin{aligned}
a_2 - a_1 &= \sqrt{3} - \sqrt{1} &= 0.7320508\cdots \\
a_3 - a_2 &= \sqrt{6} - \sqrt{3} &= 0.7174389\cdots \\
a_4 - a_3 &= \sqrt{10} - \sqrt{6} &= 0.7127879\cdots \\
a_5 - a_4 &= \sqrt{15} - \sqrt{10} &= 0.7107056\cdots \\
a_6 - a_5 &= \sqrt{21} - \sqrt{15} &= 0.7095923\cdots \\
a_7 - a_6 &= \sqrt{28} - \sqrt{21} &= 0.7089269\cdots \\
a_8 - a_7 &= \sqrt{36} - \sqrt{28} &= 0.7084973\cdots \\
a_9 - a_8 &= \sqrt{45} - \sqrt{36} &= 0.7082039\cdots \\
a_{10} - a_9 &= \sqrt{55} - \sqrt{45} &= 0.7079945\cdots \\
a_{11} - a_{10} &= \sqrt{66} - \sqrt{55} &= 0.7078399\cdots \\
a_{12} - a_{11} &= \sqrt{78} - \sqrt{66} &= 0.7077224\cdots \\
a_{13} - a_{12} &= \sqrt{91} - \sqrt{78} &= 0.7076311\cdots \\
a_{14} - a_{13} &= \sqrt{105} - \sqrt{91} &= 0.7075587\cdots \\
a_{15} - a_{14} &= \sqrt{120} - \sqrt{105} &= 0.7075003\cdots \\
a_{16} - a_{15} &= \sqrt{136} - \sqrt{120} &= 0.7074526\cdots \\
a_{17} - a_{16} &= \sqrt{153} - \sqrt{136} &= 0.7074130\cdots \\
a_{18} - a_{17} &= \sqrt{171} - \sqrt{153} &= 0.7073799\cdots \\
a_{19} - a_{18} &= \sqrt{190} - \sqrt{171} &= 0.7073519\cdots \\
a_{20} - a_{19} &= \sqrt{210} - \sqrt{190} &= 0.7073279\cdots
\end{aligned}
$$

蒂蒂:「這好像……有點奇怪。從 0.7320508 開始到 0.71 和 0.709,項的數值慢慢變小了。」

我:「是啊,變成 0.708,又變成 0.707。」

蒂蒂:「不過之後一直維持 0.707 耶。」

我：「不過，707 後面的數字並沒有維持相同，所以乍看之下 a_n 的圖呈直線，實際上並非如此。直線只往單一方向延伸，所以每一項與相鄰項的差應該保持相等。」

蒂蒂：「0.707……真是**霧裡看花**啊，學長……」

我：「不會霧裡看花啊，我們算出來的數字是正確的。」

蒂蒂：「雖然我們算出來的數字是正確的，但我們不知道為什麼前面幾位數會保持 0.707，這像在霧中隱約看到七‧零‧七妹妹，卻看不清本體一樣。」

我：「七‧零‧七妹妹……是誰啊？」

蒂蒂：「我想說為它取個名字，感覺比較親近呀。」

我：「好吧，我們將此數列的階差數列命名為 $\langle b_n \rangle$，再畫成圖。」

蒂蒂：「好的。設 $b_n = a_{n+1} - a_n$，接著把 b_n 畫成圖吧？」

我：「好。」

數列 $\langle a_n \rangle$ 的階差數列 $\langle b_n \rangle$ 的定義

$$b_n = a_{n+1} - a_n \qquad (n = 1, 2, 3, \ldots)$$

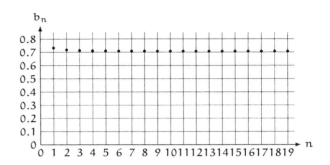

數列 $\langle b_n \rangle$ 的圖

蒂蒂：「看起來幾乎保持在同樣的高度……」

我：「但是，由計算出來的數值，可知數列 $\langle a_n \rangle$ 不是等差數列。」

蒂蒂：「這樣還是沒辦法回答學長提出的問題 1。『**數列 $\langle a_n \rangle$ 看起來很像等差數列，但其實不是**』，這種答案沒意義啊……」

問題 1（再看一次）

這是什麼樣的數列呢？

$$\sqrt{1},\ \sqrt{3},\ \sqrt{6},\ \sqrt{10},\ \dots$$

4.7　米爾迦

米爾迦：「今天是什麼問題呢？」

蒂蒂：「啊，米爾迦學姊！」

　　數學才女米爾迦像一陣風般，出現在我們眼前。
　　她聽著蒂蒂的說明，頻頻點頭。

米爾迦：「這樣啊⋯⋯」

蒂蒂：「有什麼奇怪的地方嗎？」

米爾迦：「蒂蒂看 $\langle a_n \rangle$ 的圖，覺得可能是等差數列吧？」

蒂蒂：「是的。因為在圖上標出每個項所代表的點，會形成近
　　似直線的圖形。」

　　米爾迦抬起手，示意蒂蒂別再說下去。

米爾迦：「蒂蒂把圖畫得很清楚，我一看就明白。你們在圖上
　　點出這些項的位置，覺得很像等差數列，但實際算出階差
　　數列，卻發現不是這麼一回事。」

蒂蒂：「沒錯。例如 $b_1 = \sqrt{3} - \sqrt{1}$ 與 $b_2 = \sqrt{6} - \sqrt{3}$，我們實際算
　　出這些數值，發現雖然都很接近七・零・七妹妹，卻不是
　　完全相同的數值。」

　　米爾迦再次抬起手，示意蒂蒂別再說下去。

米爾迦：「蒂蒂的數字也寫得很清楚，我一看就懂。所以你們現在的問題是什麼？」

我：「我們目前想知道數列 $\langle a_n \rangle$ 有沒有什麼意義。」

米爾迦：「為什麼會停在這裡呢？既然你畫了**圖**，也算出**數字**，為什麼不運用你最拿手的**數學式**呢？」

我：「數學式？」

米爾迦：「數列 $\langle a_n \rangle$ 的一般項（亦即 a_n）是已知的條件吧？」

蒂蒂：「是的，是 $a_n = \sqrt{\sum_{k=1}^{n} k}$。」

我：「啊，我知道了，是 1 到 n 的整數和！用數學式就能算出來了！」

4.8 計算總和

我趕緊拿起筆計算 $\sqrt{}$ 裡的 Σ。

從 1 到 n 的整數和

$$\sum_{k=1}^{n} k = \frac{n(n+1)}{2}$$

蒂蒂:「學長？你算得好快！不過這是什麼呢？」

我 :「這個是『從1到 n 的整數和』喔……換句話說，a_n 可以不用 Σ 來表示，而是改寫成這樣！」

數列 $\langle a_n \rangle$ 的一般項

$$a_n = \sqrt{\sum_{k=1}^{n} k} = \sqrt{\frac{n(n+1)}{2}}$$

蒂蒂:「不取 Σ 就算得出來嗎？」

米爾迦:「不取 Σ？」

蒂蒂:「啊……對不起，我自己把這個動作稱為『取 Σ』，這樣感覺比較親切。」

米爾迦:「取 Σ 是指『用 Σ 求總和』嗎？」

蒂蒂:「……是的。」

米爾迦:「我們並非『不取 Σ 也算得出來』，而是『取 Σ 才得到 $\sqrt{\frac{n(n+1)}{2}}$』。」

米爾迦結束說明，露出惡作劇般的微笑。

4.9 階差數列

米爾迦:「雖然你已經明白 a_n 是什麼了,但問題的核心並不在此。」

我:「咦?」

米爾迦:「相較於 a_n,b_n 更重要。」

我:「啊,原來如此!」

米爾迦:「我說的沒錯吧?」

蒂蒂:「學長姊!請等一下!請不要丟下蒂蒂一個人!自顧自地說『原來如此』『我說的沒錯吧』請告訴我接下來要怎麼做!」

米爾迦:「讓他來解釋吧。」

　　米爾迦像個領導者,指派我接下這個任務。

我:「基本上,就是延伸剛才蒂蒂的整理喔。」

「我」的整理

① 我們研究村木老師給的卡片,得到數列 $\langle a_n \rangle$,並計算各項**數值**。我們發現,標出 $\langle a_n \rangle$ 各項在圖上的點,這些點看似位在同一條直線上。
② 但實際上這不是直線。計算階差數列 $\langle b_n \rangle$ 的**數值**,即可看出這點。我們試著點出 $\langle b_n \rangle$ 各項在圖上的位置,但並無所

獲。

③ 另一方面，我們計算 $a_n = \sqrt{}$ 內的式子，得到數列 $\langle a_n \rangle$ 的一般項，**數學式**如下：

$$a_n = \sqrt{\frac{n(n+1)}{2}}$$

④ 接下來——

我：「接下來——」

蒂蒂：「接下來？」

米爾迦：「蒂蒂不知道嗎？」

我：「蒂蒂想知道嗎？」

蒂蒂：「想！」

我：「我們目前的進度到這裡。蒂蒂，『利用表格思考』會很容易明白喔。」

「我」的整理（表格）

	數值	圖	算式
數列 $\langle a_n \rangle$	已完成	已完成	已完成
階差數列 $\langle b_n \rangle$	已完成	已完成	未完成

蒂蒂：「啊！好清楚！一目了然……只剩下**階差數列** $\langle b_n \rangle$ 的數學式還沒完成！」

我：「是啊。接下來要以數學式表示〈b_n〉的一般項。」

蒂蒂：「這張表的確讓人想大喊『原來如此』呢……我怎麼這麼笨，都想不到利用表格來思考呢！」

蒂蒂誇張地抱頭。
米爾迦突然轉過來瞪我。
她威嚇的視線使我開口安慰蒂蒂。

我：「怎麼會呢，這和笨一點關係都沒有。蒂蒂，沒事的。我們繼續討論數學吧。」

蒂蒂：「好……」

我：「接下來的問題是這個……」

問題 2

設數列〈a_n〉的一般項為：

$$a_n = \sqrt{\frac{n(n+1)}{2}}$$

請以數學式表示階差數列〈b_n〉的一般項 b_n。

米爾迦：「快動手解題吧。」

我：「根據階差數列的定義，馬上就能計算出來。」

$$b_n = a_{n+1} - a_n$$

根據階差數列的定義 可得

$$= \sqrt{\frac{(n+1)(n+2)}{2}} - \sqrt{\frac{n(n+1)}{2}}$$

數列 $\langle a_n \rangle$ 的一般項

$$= \frac{\sqrt{n+1}\sqrt{n+2}}{\sqrt{2}} - \frac{\sqrt{n}\sqrt{n+1}}{\sqrt{2}}$$

根號內為兩個正數的積，所以可拆開

$$= \frac{\sqrt{n+1}\left(\sqrt{n+2} - \sqrt{n}\right)}{\sqrt{2}}$$

提出 $\dfrac{\sqrt{n+1}}{\sqrt{2}}$

米爾迦：「蒂蒂，妳提出了 $\sqrt{n+2} - \sqrt{n}$。」

蒂蒂：「嗯？」

米爾迦：「所以如果下一步寫 $\sqrt{n+2} - \sqrt{n} = \sqrt{2}$，就錯了。」

蒂蒂：「剛才我差一點這麼寫，還好我沒這麼做。」

我：「這就是 $\langle b_n \rangle$ 的一般項，但我總覺得應該可以處理得更好。」

解答 2（數列 $\langle b_n \rangle$ 的一般項）

$$b_n = \frac{\sqrt{n+1}\left(\sqrt{n+2} - \sqrt{n}\right)}{\sqrt{2}}$$

米爾迦：「如果是你，接下來會怎麼做呢？」

我：「接下來會出現 $\infty - \infty$，有點難處理。對了，只要分母和分子皆乘以兩個根號的和，整理一下就會出現 $\dfrac{1}{n}$。」

米爾迦：「嗯，就這麼辦吧。」

蒂蒂：「咦？皆乘以兩個根號的和？還要整理出 $\frac{1}{n}$ ？」

我：「這是指分母分子同乘以 $\sqrt{n+2}+\sqrt{n}$。分母和分子同乘以一個數，並不會改變分數的大小。」

$$b_n = \frac{\sqrt{n+1}\left(\sqrt{n+2}-\sqrt{n}\right)}{\sqrt{2}} \qquad \text{一般項 } b_n$$

$$= \frac{\sqrt{n+1}\left(\sqrt{n+2}-\sqrt{n}\right)\cdot\left(\sqrt{n+2}+\sqrt{n}\right)}{\sqrt{2}\cdot\left(\sqrt{n+2}+\sqrt{n}\right)} \qquad \begin{array}{l}\text{分母分子同乘以}\\ \sqrt{n+2}+\sqrt{n}\end{array}$$

$$= \frac{\sqrt{n+1}\cdot\left((n+2)-(n)\right)}{\sqrt{2}\cdot\left(\sqrt{n+2}+\sqrt{n}\right)} \qquad \text{整理分子}$$

$$= \frac{2\cdot\sqrt{n+1}}{\sqrt{2}\cdot\left(\sqrt{n+2}+\sqrt{n}\right)} \qquad \text{再整理一次分子}$$

$$= \frac{\sqrt{2}\sqrt{n+1}}{\sqrt{n+2}+\sqrt{n}} \qquad \text{因為 } \frac{2}{\sqrt{2}}=\sqrt{2}$$

蒂蒂：「不好意思……為什麼要讓分母分子同乘以 $\sqrt{n+2}+\sqrt{n}$ 呢？」

我：「因為我想要利用『和與差的乘積為平方差』的性質。整理一下分子，可得到這個結果……」

$$\left(\sqrt{n+2}-\sqrt{n}\right) \cdot \left(\sqrt{n+2}+\sqrt{n}\right) = \left(\sqrt{n+2}\right)^2 - \left(\sqrt{n}\right)^2$$
$$= (n+2) - (n)$$
$$= 2$$

蒂蒂：「嗯，可是……」

我：「所以，我們可以將 b_n 改寫成這樣……」

解答 2a（數列 $\langle b_n \rangle$ 的一般項）

$$b_n = \frac{\sqrt{2}\sqrt{n+1}}{\sqrt{n+2}+\sqrt{n}}$$

蒂蒂：「可是為什麼這裡的 b_n，比解答 2（第 140 頁）的 b_n 還要複雜？」

米爾迦：「他有他的目的。」

我：「接下來要這麼做吧？米爾迦。將一般項 b_n 的分母與分子各除以 $\sqrt{n}$……」

$$b_n = \frac{\sqrt{2}\sqrt{n+1}}{\sqrt{n+2}+\sqrt{n}}$$ 一般項 b_n

$$= \frac{\sqrt{2}\sqrt{n+1}\cdot\frac{1}{\sqrt{n}}}{(\sqrt{n+2}+\sqrt{n})\cdot\frac{1}{\sqrt{n}}}$$ 將分母與分子各除以 $\sqrt{n}$

$$= \frac{\sqrt{2}\sqrt{\frac{n+1}{n}}}{\sqrt{\frac{n+2}{n}}+\sqrt{\frac{n}{n}}}$$ 將根號合併

$$= \frac{\sqrt{2}\sqrt{1+\frac{1}{n}}}{\sqrt{1+\frac{2}{n}}+1}$$ 計算

$$= \frac{\sqrt{2+\frac{2}{n}}}{\sqrt{1+\frac{2}{n}}+1}$$ $\sqrt{2}$ 與 $\sqrt{1+\frac{1}{n}}$ 相乘

蒂蒂:「咦?」

米爾迦:「蒂蒂還不熟悉 $\sqrt{}$ 的計算嗎?」

我:「這裡我只用了一個公式——當 a 和 b 皆大於 0,$\sqrt{a}\sqrt{b} = \sqrt{ab}$。」

蒂蒂:「這個我會。我覺得奇怪的是,經過這些步驟,b_n 變得

越來越複雜，讓我越來越疑惑……基本上，寫成數學式，不就是為了讓問題看起來比較簡單嗎？」

米爾迦：「不是為了變得比較簡單，是比較方便。」

蒂蒂：「比較方便……」

我：「數學式的計算已經結束囉，蒂蒂。最後我們得到的 b_n 是這個樣子。」

解答 2b（數列 $\langle b_n \rangle$ 的一般項）

$$b_n = \frac{\sqrt{2 + \dfrac{2}{n}}}{\sqrt{1 + \dfrac{2}{n}} + 1}$$

蒂蒂：「是的……」

我：「數學式裡的 $\dfrac{1}{n}$ 很重要，雖然這裡是以 $\dfrac{2}{n}$ 的形式出現。」

蒂蒂：「這樣啊……」

我：「若 n 非常大，$\dfrac{1}{n}$ 即會變得非常小。」

米爾迦：「不對，是『非常趨近 0』。」

我：「啊，沒錯，抱歉。若 n 非常大，$\dfrac{1}{n}$ 會變得非常趨近 0。」

蒂蒂：「是啊，如果 $n = 10$，$\frac{1}{n} = \frac{1}{10} = 0.1$；如果 $n = 10000000$，$\frac{1}{n} = \frac{1}{10000000} = 0.0000001$。」

我：「也就是說，若 n 非常大，$\frac{2}{n}$ 也會非常趨近 0。因此，我們可以得到這樣的結論——若 n 非常大，b_n 會非常趨近『將 b_n 的 $\frac{2}{n}$ 換成 0 的數』。『非常趨近』可以寫成 $\fallingdotseq$ 來代表喔。」

$$b_n = \frac{\sqrt{2 + \boxed{\frac{2}{n}}}}{\sqrt{1 + \boxed{\frac{2}{n}}} + 1} \qquad b_n \text{ 的一般項}$$

$$\fallingdotseq \frac{\sqrt{2 + \boxed{0}}}{\sqrt{1 + \boxed{0}} + 1} \qquad \frac{2}{n} \text{ 換成 0}$$

$$= \frac{\sqrt{2}}{2} \qquad \text{計算結果}$$

蒂蒂：「趨近 2 分之根號 2⋯⋯」

我：「而 $\sqrt{2} = 1.41421356\cdots$」

蒂蒂：「是的，$1.41421356\cdots$」

我：「那麼，$\frac{\sqrt{2}}{2}$ 大概是⋯⋯」

蒂蒂：「除以 2，可得到 $0.70710678\cdots$」

我：「妳有沒有在哪裡看過這個數字呢？」

蒂蒂：「在哪裡看過？」

我：「妳看，b_{19} 是 0.7073279……！」

蒂蒂：「啊！是七・零・七妹妹！居然在這裡！」

$$b_{19} = \underline{0.7073279}\cdots$$
$$\frac{\sqrt{2}}{2} = \underline{0.70710678}\cdots$$

我：「b_{19} 是 0.7073279……，而蒂蒂剛才算出來的 $\frac{\sqrt{2}}{2}$ 是 0.70710678……，兩個很接近吧？」

蒂蒂：「……」

米爾迦：「階差數列的一般項 b_n 可以用數學式表示。由數學式可知，若 n 非常大，b_n 會非常接近 $\frac{\sqrt{2}}{2}$。實際計算它們的數值，可發現兩者相當接近。」

蒂蒂：「這樣啊……」

我：「就是這樣。現在我們能回應蒂蒂剛才『0.707……真是**霧裡看花**』的心得囉。這是一個正在逐漸往 $\frac{\sqrt{2}}{2}$ 靠近的數。」

蒂蒂：「咦！」

我：「我們剛才算出**數值**、畫出圖，便知道它會接近某個固定的數值，也知道這個固定的數值大概是多少，但我們卻無法得到正確的數值。不過，若將 b_n 以數學式表示，利用

『若 n 非常大，$\frac{1}{n}$ 會非常趨近 0』這點，便可知道 0.707 ……這個數來自 $\frac{\sqrt{2}}{2}$，而不會霧裡看花囉。」

蒂蒂：「原來如此！」

我：「利用圖、計算、推導公式來思考，這個過程很有趣吧。」

蒂蒂：「那麼，關於數列 $\langle a_n \rangle$ 的問題，就可以這樣回答！」

解答 1

設以下數列為 $\langle a_n \rangle$：

$$\sqrt{1}, \ \sqrt{3}, \ \sqrt{6}, \ \sqrt{10}, \ \ldots$$

並求出階差數列 $\langle b_n \rangle$，則兩者的一般項分別為：

$$a_n = \sqrt{\frac{n(n+1)}{2}}$$

$$b_n = \frac{\sqrt{2 + \dfrac{2}{n}}}{\sqrt{1 + \dfrac{2}{n}} + 1}$$

若 n 非常大，b_n 會非常接近以下數值：

$$\frac{\sqrt{2}}{2} = 0.70710678\cdots\cdots$$

我：「嗯，正是如此！」

米爾迦：「沒錯。其實 $a_n = \sqrt{\dfrac{n(n+1)}{2}}$ ，即可令人馬上看出階差

數列會收斂到 $\dfrac{\sqrt{2}}{2}$ 。」

我：「是嗎？」

米爾迦：「$a_n = \sqrt{\dfrac{n(n+1)}{2}} = \dfrac{\sqrt{2}}{2}\sqrt{n^2+n}$ 。若 n 非常大，$\sqrt{n^2+n}$

裡面的 n^2+n 主要會由 n^2 所支配。這是因為 n 非常大，

n^2 會遠大於 n 。」

我：「原來如此。」

米爾迦：「換句話說，若 n 非常大，$\sqrt{n^2+n}$ 和 $\sqrt{n^2}$ 相當接近，

則 $\sqrt{n^2}$ 其實就是 n。因此可以想像得到，若 n 非常大，a_n

和 $\dfrac{\sqrt{2}}{2}n$ 會很接近。」

蒂蒂：「n 啊——」

米爾迦：「接著，一般項為 $\dfrac{\sqrt{2}}{2}n$ 的數列是一個等差數列，公

差為 $\dfrac{\sqrt{2}}{2}$ 。」

我：「啊，$\dfrac{\sqrt{2}}{2}$ 出現了。米爾迦算得好快！」

米爾迦：「這用看的就能看出來。」

蒂蒂：「非常大啊——」

我：「蒂蒂？」

蒂蒂：「我終於明白了。學長姊剛才是在研究若 n 非常大，a_n 與 b_n 會變成什麼樣子吧。」

我：「是啊，學校的數學課把這稱為**數列的極限**。」

米爾迦：「數列的極限啊……」

蒂蒂：「人家……人家覺得，好不可思議。」

我：「哪個部分呢？數學式的推導嗎？」

蒂蒂：「嗯，不是。雖然不多練習推導數學式，就不會懂數學式的意義。但比起這個，更重要的是我對**數學式**的印象完全改觀。」

米爾迦：「……」

蒂蒂：「我以前覺得數學式是一種**嚴謹**的思考工具，不過剛才學姊和學長卻把數學式當作可以**任意發揮**的思考工具。」

我：「任意發揮？」

蒂蒂：「是的……雖然我的描述方式很奇怪，但我指的就是『若 n 非常大，$\dfrac{1}{n}$ 會非常趨近 0』，或是『n^2 會支配 n』的意思。」

我：「原來如此。」

蒂蒂：「還有，在算一般項 b_n 的時候，答案不會是唯一一個數學式，而應該判斷以哪種方式得到的結果，用於處理下一個步驟會比較方便……」

我：「這倒是真的。」

蒂蒂：「所以我覺得，學長姊對數學式的感情很深，跟我處於完全不同的層次。你們與數學式不僅是朋友——而是……嗯……就好像……」

蒂蒂越講頭越低，臉突然漲紅。

米爾迦：「蒂蒂的觀點相當有趣。不過，處理數學式還是應該嚴謹。蒂蒂只是不習慣該怎麼衡量數值的大小，妳還不習慣不等式的世界。」

蒂蒂：「不等式的世界……」

米爾迦：「我們無法掌握任何數值的正確大小，即使推導出數學式，有時仍無法完全表現出它的意義，這時我們會用不等式來評估。即使我們不曉得正確數值是多少，只需確定數值在一個範圍內，找出範圍的上限、下限、估計大小，再用不等式『夾擠』出答案即可。蒂蒂應該是不習慣這樣的步驟吧。而妳把這個方法稱為『與數學式有很深的感情』，真有意思。」

蒂蒂：「嗯……」

米爾迦：「不過，感情可不會突然加深喔。」

米爾迦說完，露出一抹神秘的微笑。

蒂蒂：「要從 Σ、開根號開始，逐漸加深感情才行！」

米爾迦：「你覺得呢？」

我：「為什麼這麼問我啊？」

瑞谷老師：「放學時間到了！」

「如果內心不想接近，便永遠無法靠近。」

第 4 章的問題

●問題 4-1（Σ 的計算）

試推導 1 到 n 的整數和公式（第 135 頁）。

$$\sum_{k=1}^{n} k = \frac{n(n+1)}{2}$$

（解答在第 231 頁）

●問題 4-2（Σ 的計算）

試計算下列數學式。

$$\sum_{k=1}^{n} (2k-1)$$

（解答在第 232 頁）

●問題 4-3（根號的計算）

試計算下列題目。

① $(\sqrt{3} + \sqrt{2})(\sqrt{3} - \sqrt{2})$

② $\dfrac{1}{\sqrt{6} - \sqrt{5}}$

③ $\sqrt{(a+b)^2 - 4ab}$ 　　（假設 $a > b$）

（解答在第 234 頁）

●問題 4-4（七・零・七妹妹）

假設你沒有背 $\sqrt{2}$ 的近似值是多少，請由平方後比 2 大的正數，以及平方後比 2 小的正數，一步步確認 $\dfrac{\sqrt{2}}{2}$ 大約為 0.707。

（解答在第 236 頁）

第 5 章

骰子的極限

<blockquote>「一開始該問的問題，便是如何找出問題。」</blockquote>

5.1　我的房間

由梨：「哥哥，那個東西是什麼？」

　　還是國中生的由梨跑進我的房間，這樣問我。

我：「這個嗎？這是我和老師借的。」

　　我把「那個東西」拿給由梨。

由梨：「好大的骰子！這是不鏽鋼做的嗎？」

我：「我不確定，不過應該是金屬喔。」

由梨：「咦？比想像的輕耶。上面凸出來的圓圈圈是『點數』嗎？好奇怪的骰子！」

我：「這個骰子奇怪的地方可不只那裡。」

由梨：「什麼意思？」

我：「妳再仔細看看。」

　　由梨翻轉手中的骰子。

由梨：「這是幾點啊？一、二、三……<u>10 點</u>！這面還有 <u>14 點</u>！
　　　點數太多了吧，看起來好詭異！」

我：「嗯，這是有 10 點和 14 點的骰子。」

　　　由梨把骰子轉來轉去，檢查每一個面。

由梨：「沒有 1 點和 5 點的面。」

我：「是啊。由梨知道『骰子點數的規則』嗎？」

由梨：「知道──加起來等於 7！」

「骰子點數的規則」

骰子任一面和它背面的點數相加，必為 7。

- 1 的背面是 6（1 + 6 = 7）
- 2 的背面是 5（2 + 5 = 7）
- 3 的背面是 4（3 + 4 = 7）

我：「沒錯。一般的骰子任一面和它背面的點數相加，會是7。」

由梨：「可是這個奇怪的骰子不是這樣耶。只有『3 的背面是 4』這點符合規則。6 的背面不是 1 而是 14，2 的背面不是 5 而是 10。」

由梨轉動骰子，仔細算每一面的點數。

由梨：「這個骰子到底是什麼啊？」

我：「我們學校有一位村木老師，他有時會出一些數學研究課題給我們，都是和學校正課沒關係的。」

由梨：「這樣啊。」

我：「這個骰子是我跟那位老師借的。」

由梨：「這是某個遊戲的道具骰子嗎？擲出 10 或 14 不會太大嗎？」

我：「他說這是讓我們自由想像的『研究課題』。」

由梨：「想像這個奇怪的骰子？」

我：「嗯，什麼都可以，看看有什麼有趣的想法。」

由梨：「哥哥想到什麼了嗎？」

我：「不，我還沒想到，只做出展開圖。」

由梨：「展開圖——是這個嗎？」

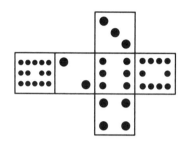

「我」做的展開圖

我：「我只是覺得，這樣說不定能發現什麼有趣的事。」

由梨：「哥哥，這樣畫不對啦！」

我：「哪有？」

由梨：「不對啦！正確的圖應該長這樣啦！」

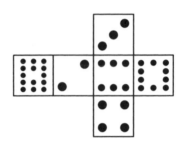

由梨做的展開圖

我：「不是一樣嗎？」

由梨：「你看每一面的方向啦喵。哥哥畫的展開圖和這個骰子每一面點數的方向不完全一樣。」

我：「嗯……雖然如此，不過研究骰子通常只會看點數吧。」

		3	
14	2	6	10
		4	

將點數換成數字的展開圖

我和由梨沉默地盯著展開圖好一陣子。

什麼都行，有沒有什麼特別的地方呢？

我：「妳發現什麼了嗎？」

由梨：「嗯——3 有點奇怪喵，『除了 3，都是偶數』呢⋯⋯」

我：「數字的排列也很怪啊⋯⋯」

由梨：「排列？」

我：「感覺只是隨便放幾個數字上去。」

由梨：「我們要把展開圖上的數字當作一個數列嗎？」

我：「喔？」

由梨：「因為把數字排在一起就是數列，不是嗎？」

5.2　由展開圖得到的數列

我：「聽起來滿有趣的，先算出『階差數列』⋯⋯」

由梨：「14, 2, 6, 10，相減得到 −12, 4, 4。」

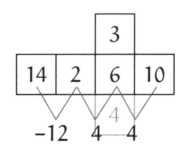

我：「把 14 移到最右邊，所得到的數列比較有趣喔。2, 6, 10, 14，而階差數列是 4, 4, 4！」

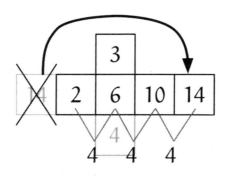

由梨：「喔！」

我：「階差數列各項皆相等，表示這是等差數列。」

由梨：「……」

我：「怎麼啦？」

由梨：「這個直行的 3, 6, 4 該怎麼解釋呢？階差數列是 3, −2。」

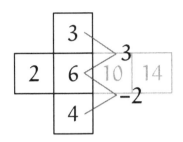

我：「由三個數算出來的階差數列，好像有點穿鑿附會啊。」

由梨：「穿鑿附會是什麼意思？」

我：「意思是說規則很牽強。」

由梨：「可是你剛才說隨便什麼都可以呀！」

我：「嗯，是啦。穿鑿附會也沒關係！」

由梨：「我還是覺得只有 3 是奇數很奇怪。」

我：「想成『3 是 6 的一半』呢？」

由梨：「哥哥，你好聰……好穿鑿附會！」

我：「哈哈哈！」

由梨：「啊！如果把 2、10、14 減半呢？」

我：「咦？」

由梨：「最上列加上 1、5、7，變成一張表！」

1	3	5	7
2	6	10	14

4

我：「原來如此，我們不要把它看作骰子的展開圖吧。」

由梨：「無所謂嗎？」

我：「當然，像由梨剛才說的，寫什麼都可以！」

由梨：「這樣就解決 3 的問題了！」

我：「嗯……」

由梨：「但是現在變成 4 不符合規則了。」

我：「是啊。」

由梨：「1, 3, 5, 7 是由奇數組成的橫列，而 2, 6, 10, 14 則是等差數列，但是下一列的 4 有點突兀。」

我：「由梨，把 4 移動一下吧。這個表的 4 可以往左移，左移之後，仍是正確的展開圖，可組成原來的骰子。對吧？」

由梨:「哥哥!我懂了!右下角的三個空格可以再填入數字!」

我:「是啊,可以填入 6, 10, 14 的兩倍。」

由梨急忙為空格填入數字。

由梨:「這樣就對了吧!」

我:「由梨做的表相當有趣。」

由梨:「第一列的 1, 3, 5, 7『每項都相差 2』,第二列是從 2 開始的 2, 6, 10, 14 數列,『每項都相差 4』。第三列變成從 4

開始的 4, 12, 20,28 數列，『每項都相差 8』。這個規則很有趣耶！」

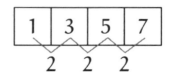

第一列從 1 開始「每項相差 2」

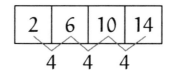

第二列從 2 開始「每項相差 4」

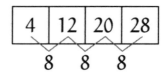

第三列從 4 開始「每項相差 8」

我：「這個規則可以一直延伸下去喔。」

由梨：「嗯，可以無限延伸下去！」

1	3	5	7	9	⋯
2	6	10	14	18	⋯
4	12	20	28	36	⋯
8	24	40	56	72	⋯
16	48	80	112	144	⋯
⋮	⋮	⋮	⋮	⋮	⋱

我：「真是有趣的表格。」

由梨：「最左邊那一行是排成直行的 1, 2, 4, 8, 16！」

我：「嗯，是 2 的乘冪。」

由梨：「如果要算某數右邊的數是多少，而這兩數若在第一列
會相差 2、在第二列相差 4、在第三列相差 8⋯⋯那麼，某
數只要加上『下一列最左邊的數』就可得到答案。」

+2	1 ⇨ 3 ⇨ 5 ⇨ 7 ⇨ 9 ⇨ …
+4	2 ⇨ 6 ⇨ 10 ⇨ 14 ⇨ 18 ⇨ …
+8	4 ⇨ 12 ⇨ 20 ⇨ 28 ⇨ 36 ⇨ …
+16	8 ⇨ 24 ⇨ 40 ⇨ 56 ⇨ 72 ⇨ …
+32	16 ⇨ 48 ⇨ 80 ⇨ 112 ⇨ 144 ⇨ …
	⋮　⋮　⋮　⋮　⋮　⋱

我：「原來如此，這個規則『也』適用呢。」

由梨：「為什麼說『也』呢？」

我：「我會這樣描述，『最上面一列為奇數數列 $1, 3, 5, 7, 9, ...$，且每往下一列皆會乘以 2』。」

×2	1	3	5	7	9	⋯
⬇	2	6	10	14	18	⋯
	4	12	20	28	36	⋯
	8	24	40	56	72	⋯
	16	48	80	112	144	⋯
	⋮	⋮	⋮	⋮	⋮	⋱

由梨:「這和由梨說的不是一樣嗎!」

我:「『第一列為奇數數列,且每往下一列皆會乘以 2』這種說法比較簡單吧。」

由梨:「……我總覺得有點不甘心。」

我:「也可以說,排成直行的數為『首項是奇數、公比是 2 的等比數列』喔。同樣一張表可以有多種描述方式。由梨的說法也很好啊。」

由梨:「不管啦!我要再想一個更好的說法!」

由梨認真地瞪著這張表。
她的栗色馬尾透出金色光芒。

我:「……」

由梨：「呵呵呵，這個怎麼樣呢？最上面一列是奇數，最左行
　　　是 2 的乘冪。這麼一來，即可得到一張『乘法表』！」

1	3	5	7	9	⋯
2	6	10	14	18	⋯
4	12	20	28	36	⋯
8	24	40	56	72	⋯
16	48	80	112	144	⋯
⋮	⋮	⋮	⋮	⋮	⋱

乘法表

我：「喔！是乘法表！這樣更容易懂了！」

由梨：「呵呵呵。」

我：「的確可以用這種方法表示啊⋯⋯」

- 第一列是奇數數列（1, 3, 5, 7, 9, ...）
- 最左行是 2 的乘冪數列（1, 2, 4, 8, 16, ...）
- 整張表是列與行的數字相乘（奇數與 2 的乘冪的乘積）

由梨:「你看,很厲害吧?」

我:「很厲害。對了,聽了由梨的說明,我發現一件事。這張表還有一個特別的地方。」

由梨:「是什麼呢?」

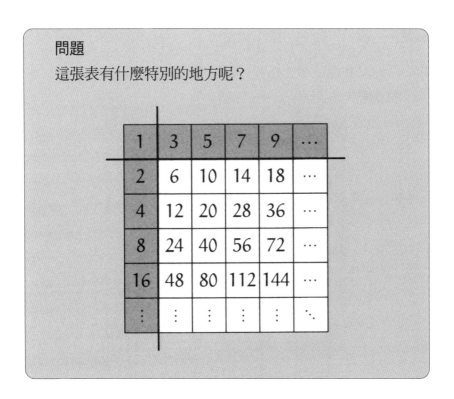

問題

這張表有什麼特別的地方呢?

我:「妳看不出來嗎?」

由梨：「看不出來喵。表格越往右下，數字越大嗎？」

我：「是由梨喜歡的，會讓人眼睛為之一亮的東西喔。」

由梨：「是什麼啊？」

我：「要不要給妳一點提示呢？」

由梨：「嗯……好啊，請給提示。」

我：「妳試著在這張表格裡，照順序找找看 1, 2, 3, 4, 5, 6, ... 在
　　哪裡吧。」

由梨：「1, 2, 3, 4, 5, 6, ... 是這樣嗎？」

我：「找找看接下來的數字。」

由梨：「7, 8, 9, 10 在這裡，11——因為 11 是奇數，所以應該會
　　出現在第一列。」

我：「12呢？」

由梨：「12在6的下面。13是奇數，所以在第一列，再來是14
——啊！難道全部可以在這張表找到嗎？」

我：「沒錯！這張表包含了所有自然數（1, 2, 3, ...），而且每
個自然數都只出現一次。」

解答

這張表中，所有自然數（1, 2, 3, ...）都只出現一次。

1	3	5	7	9	...
2	6	10	14	18	...
4	12	20	28	36	...
8	24	40	56	72	...
16	48	80	112	144	...
⋮	⋮	⋮	⋮	⋮	⋱

由梨：「好好玩！是真的嗎？不會重複？」

我：「不會重複。所有自然數都會出現在這張表，而且每個自然數只會出現一次。這可以用數學方法證明。」

由梨：「咦！」

我：「嗯，確實可以證明喔，看了由梨寫的『乘法表』我才想到的。我開始說明囉，妳 OK 嗎？」

由梨：「沒問題！」

我：「將給定的自然數一直除以 2，最後一定會變成奇數吧。」

由梨：「沒錯。」

我：「假設一個數除以 m 次 2 會變成奇數，我們便可以說這個數可以被 2^m 整除。」

由梨：「嗯。等一下，如果一開始給的數就是奇數，又該怎麼辦呢？」

我：「m 就會等於 0 喔。」

由梨：「喔──」

我：「自然數除以 2^m 會變成奇數，而所有奇數皆可寫成 $2n+1$ 的形式，因此所有自然數都可以寫成以下形式，且每一個自然數皆對應唯一的 m 和 n。」

所有自然數皆可寫成以下形式，
且每一個自然數皆對應唯一的 m 和 n。

$$2^m \times (2n+1) \quad （m \text{ 和 } n \text{ 皆為 0 以上的整數}）$$

由梨：「意思是，除以 2^m 會剩下 $2n+1$？」

我：「沒錯，除以 2^m 所得的商，就是 $2n+1$。經過這個除法計算，原先給定的自然數可轉換成一組由兩個 0 以上的整數，所組成的數對 (m, n)。這個數對代表此數位在由梨這張表的第幾列和第幾行！」

由梨：「呃——最後一段我聽不懂。」

5.3　實例

我：「以自然數 40 為例吧。」

由梨：「好。」

我：「40 一直除以 2，會得到 $40 \to 20 \to 10 \to 5$，最多可以除三次，所以 $m=3$。」

由梨：「40 可以被 $2^3=8$ 整除嗎？」

我：「可以，40 可以被 $2^3=8$ 整除，但卻無法被 $2^4=16$ 整除。」

由梨：「嗯。」

我：「40 除以 8 得到的商為 5，毫無疑問是奇數。而 5 這個奇數可以寫成 $2 \times 2 + 1$，因此滿足 $5 = 2n+1$ 這個式子的 n 是 2。」

由梨：「也就是說，40 可以寫成 8×5 的意思嗎？」

我：「沒錯，我寫得詳細一點吧。」

$$40 = 2^m \times (2n + 1)$$
$$= 2^3 \times (2 \cdot 2 + 1) \qquad m = 3, n = 2$$

由梨：「喔——」

我：「給定 40，可以得到 $(m, n) = (3, 2)$ 這組數對。」

由梨：「喔——喔——」

我：「而 $(3, 2)$ 可以對應到由梨這張表格的列數和行數。妳看，第三列和第二行交叉處的數字，剛好是 40 吧？」

m \ n	0	1	2	3	4	⋯
0	1	3	5	7	9	⋯
1	2	6	10	14	18	⋯
2	4	12	20	28	36	⋯
3	8	24	40	56	72	⋯
4	16	48	80	112	144	⋯
⋮	⋮	⋮	⋮	⋮	⋮	⋱

由梨：「喔喔喔！因為 $8 \times 5 = 40$，原來如此！」

我：「不論是哪個自然數，都只會對應到一組 (m, n)。所以，不論是哪個自然數，都只會在這個表格上出現一次。」

由梨：「好有趣喵⋯⋯我說哥哥啊，老師借你這個奇怪骰子的時候，有預料到你會想到這些嗎？」

我：「咦？我不知道耶。」

由梨：「他有沒有給你這個骰子的說明書啊？」

我:「這麼說來,他有給我一個箱子。」

由梨:「是這個嗎?」

我:「嗯,借來的時候骰子是裝在箱子裡。」

由梨:「哥哥……裡面有說明書啊!」

我:「咦?」

由梨:「你看,底下有一張卡片喔。」

我:「是村木老師的研究課題嗎?」

5.4　村木老師的研究課題

村木老師的研究課題

$$\frac{2}{3} + \frac{4}{15} + \frac{16}{255} + \frac{256}{65535} + \frac{65536}{4294967295} + \cdots$$

由梨：「這是⋯⋯要我們算出這個問題的答案嗎？」

我：「看來是這樣。」

由梨：「這些分數都長得好醜啊——一大堆亂七八糟的數字。」

我：「不會，一點都不亂。」

由梨：「是嗎？」

我：「是啊。先來看分子吧，2, 4, 16, 256, 65536，都是 2 的乘冪。」

$$2 = \underbrace{2}_{1\text{ 個}} \qquad\qquad = 2^1$$

$$4 = \underbrace{2 \times 2}_{2\text{ 個}} \qquad\qquad = 2^2$$

$$16 = \underbrace{2 \times 2 \times 2 \times 2}_{4\text{ 個}} \qquad = 2^4$$

$$256 = \underbrace{2 \times 2 \times 2 \times \cdots \times 2}_{8\text{ 個}} \qquad = 2^8$$

$$65536 = \underbrace{2 \times 2 \times 2 \times 2 \times \cdots \times 2}_{16\text{ 個}} = 2^{16}$$

由梨：「可是沒有三次方和五次方耶。」

我：「是啊，只有一次、二次、四次、八次、十六次……」

由梨：「哥哥，這該不會……」

我：「每一項的指數都是 2 的乘冪！」

由梨：「喔──！」

我：「聽起來有點複雜，先整理一下吧。」

由梨：「別整理了啦，快點算吧！」

我：「不行，欲速則不達。妳看這張紙上的數學式，最後面有
　　點點點吧？」

村木老師的研究課題

$$\frac{2}{3} + \frac{4}{15} + \frac{16}{255} + \frac{256}{65535} + \frac{65536}{4294967295} + \cdots$$

由梨：「有啊。」

我：「這是在計算總和，但這種寫法表示這道數學式後面有無限個項。」

由梨：「所以？」

我：「所以，要預料到這道數學式後面的項是什麼，才能繼續算下去。如果我們預料錯誤，再怎麼算，得到的結果都沒有意義。所以別慌張，先整理一下吧。」

由梨：「快點來整理吧！」

5.5　整理與一般化

我：「這些分數的分子可形成一個 2, 4, 16, 256, 65536, ... 的數列。數列的每個項都是 2 的乘冪，而且它們的指數也是 2 的乘冪。」

$$2 = 2^1 = 2^{2^0} \quad \text{第 1 項的分子}$$
$$4 = 2^2 = 2^{2^1} \quad \text{第 2 項的分子}$$
$$16 = 2^4 = 2^{2^2} \quad \text{第 3 項的分子}$$
$$256 = 2^8 = 2^{2^3} \quad \text{第 4 項的分子}$$
$$65536 = 2^{16} = 2^{2^4} \quad \text{第 5 項的分子}$$
$$\vdots$$

由梨:「這剛才講過了啊。」

我:「雖然講過了,但整理出第 1 項、第 2 項、第 3 項⋯⋯是很重要的步驟。」

由梨:「為何?」

我:「因為我們可以由整理出來的結果,得到『第 k 項的分子是多少』的答案。」

由梨:「第 k 項⋯⋯」

我:「寫出實際的數字並整理出規律,一般化的步驟就不會出錯。由梨會算吧,第 k 項的分子是多少呢?」

由梨:「嗯,我會算啊。是這樣吧!」

$$2^{2^{k-1}} \qquad \text{第 } k \text{ 項的分子}$$

我:「是啊!」

由梨:「因為這是規律嘛。第 1 項是 0 次方、第 2 項是 1 次方⋯⋯所以,第 k 項是 $k-1$ 次方嗎?」

$$2 = 2^1 = 2^{2^{\boxed{0}}} \qquad \boxed{1} \text{ 第 1 項的分子}$$

$$4 = 2^2 = 2^{2^{\boxed{1}}} \qquad \boxed{2} \text{ 第 2 項的分子}$$

$$16 = 2^4 = 2^{2^{\boxed{2}}} \qquad \boxed{3} \text{ 第 3 項的分子}$$

$$256 = 2^8 = 2^{2^{\boxed{3}}} \qquad \boxed{4} \text{ 第 4 項的分子}$$

$$65536 = 2^{16} = 2^{2^{\boxed{4}}} \qquad \boxed{5} \text{ 第 5 項的分子}$$

$$\vdots \qquad\qquad \vdots \qquad\qquad \vdots$$

$$2^{2^{\boxed{k-1}}} \qquad \boxed{k} \text{ 第 k 項的分子}$$

我：「沒錯。寫出實際數字再整理，即可看出規律。這件事很重要。」

由梨：「快點來整理分母吧！」

$$3 = 2^2 - 1 = 2^{2^{\boxed{1}}} - 1 \qquad \boxed{1} \text{ 第 1 項的分母}$$

$$15 = 2^4 - 1 = 2^{2^{\boxed{2}}} - 1 \qquad \boxed{2} \text{ 第 2 項的分母}$$

$$255 = 2^8 - 1 = 2^{2^{\boxed{3}}} - 1 \qquad \boxed{3} \text{ 第 3 項的分母}$$

$$65535 = 2^{16} - 1 = 2^{2^{\boxed{4}}} - 1 \qquad \boxed{4} \text{ 第 4 項的分母}$$

$$4294967295 = 2^{32} - 1 = 2^{2^{\boxed{5}}} - 1 \qquad \boxed{5} \text{ 第 5 項的分母}$$

$$\vdots \qquad\qquad \vdots \qquad\qquad \vdots$$

$$2^{2^{\boxed{k}}} - 1 \qquad \boxed{k} \text{ 第 k 項的分母}$$

我：「既然第 k 項的分子和分母都知道了，則問題的數學式就可以改寫成這樣。」

村木老師的研究課題（寫出第 k 項）

$$\underbrace{\frac{2}{3}}_{\text{第1項}} + \underbrace{\frac{4}{15}}_{\text{第2項}} + \underbrace{\frac{16}{255}}_{\text{第3項}} + \underbrace{\frac{256}{65535}}_{\text{第4項}} + \underbrace{\frac{65536}{4294967295}}_{\text{第5項}} + \cdots + \underbrace{\frac{2^{2^{k-1}}}{2^{2^k}-1}}_{\text{第 }k\text{ 項}} + \cdots$$

由梨：「看起來好複雜——」

我：「要特別注意減號的位置喔。分子是指數減 1，而分母則是整體減 1。」

由梨：「可以開始算了吧！」

我：「稍等一下——嗯，也可以寫成這樣。」

村木老師的研究課題（將每一項都寫成 2 的乘冪）

$$\underbrace{\frac{2^{2^1-1}}{2^{2^1}-1}}_{\text{第1項}} + \underbrace{\frac{2^{2^2-1}}{2^{2^2}-1}}_{\text{第2項}} + \underbrace{\frac{2^{2^3-1}}{2^{2^3}-1}}_{\text{第3項}} + \underbrace{\frac{2^{2^4-1}}{2^{2^4}-1}}_{\text{第4項}} + \underbrace{\frac{2^{2^5-1}}{2^{2^5}-1}}_{\text{第5項}} + \cdots + \underbrace{\frac{2^{2^k-1}}{2^{2^k}-1}}_{\text{第 }k\text{ 項}} + \cdots$$

由梨：「這樣啊⋯⋯哥哥，256 和 65535 這種數字看起來『亂七八糟』，可是寫成數學式，看起來就『沒那麼亂七八糟』了。」

我：「嗯，這大概是因為數學式可以表現規律吧。數字有一定的規律，看起來就不會亂七八糟了，而且還會令人發現某

　　　種意義。」

由梨：「……」

5.6　開始計算

我：「我們開始算吧。為了讓計算過程看起來簡單一點，先為
　　數列取名字。第 1 項是 a_1、第 2 項是 a_2……這樣寫妳看得
　　懂吧？」

由梨：「嗯，看得懂。」

我：「接下來，用計算機算數值大略是多少。」

$$a_1 = \frac{2}{3} \qquad\qquad = 0.66666666666667$$

$$a_2 = \frac{4}{15} \qquad\qquad = 0.26666666666667$$

$$a_3 = \frac{16}{255} \qquad\qquad = 0.06274509803922$$

$$a_4 = \frac{256}{65535} \qquad\qquad = 0.00390630960555$$

$$a_5 = \frac{65536}{4294967295} = 0.00001525878907$$

由梨：「0.00001525878907，數值變得很小耶。」

我：「是啊，當 k 逐漸增加，a_k 會快速變小。這是可以理解的，
　　因為分母增加的速度比分子快許多。」

由梨：「嗯……」

我：「我們用 S_k 來表示從 a_1 到 a_k 的總和，接著再算數列 $S_1, S_2, S_3, ...$ 吧。」

由梨：「好的！」

$$
\begin{aligned}
S_1 &= a_1 & &= 0.66666666666667 \\
S_2 &= a_1 + a_2 & &= 0.93333333333334 \\
S_3 &= a_1 + a_2 + a_3 & &= 0.99607843137256 \\
S_4 &= a_1 + a_2 + a_3 + a_4 & &= 0.99998474097811 \\
S_5 &= a_1 + a_2 + a_3 + a_4 + a_5 &= & 0.99999999976718 \\
&\qquad \vdots
\end{aligned}
$$

我：「這看起來……」

由梨：「哥哥！這樣就可以看出後面都是 9 了吧！」

我：「我也覺得是這樣。」

由梨：「解決了！」

我：「不過，當 k 非常大，S_k 會趨近哪個數呢？這個問題還沒有解決喔。」

由梨：「該怎麼辦呢？」

我：「必須用算式證明。我們要求當 k 越來越大，S_k 會無限趨近哪個極限值。由一開始表示第 k 項的數學式，可以求出是否有極限值，以及如何計算極限值。這時我們會使用符號 lim，它來自英文的 limit，而這個問題是要求出 $\lim_{k \to \infty} S_k$。」

$$S_k = a_1 + a_2 + \cdots + a_k$$

$$\lim_{k \to \infty} S_k = a_1 + a_2 + \cdots$$

由梨：「喔──」

我：「假設 k 從 1, 2, 3 開始一直往上加，S_k 會無限趨近某個特定數值，則這個特定數值可以寫成 $\lim_{k \to \infty} S_k$。不過，要真正瞭解這個算式的意思，必需知道**極限**的定義。」

由梨：「某個特定數值？」

我：「沒錯，假設 S_k 會無限趨近某個特定數值，我們便可將這個特定數值寫成 $\lim_{k \to \infty} S_k$。」

由梨：「無限趨近……有點難懂喵。」

我：「的確有點難懂，不過妳剛才已用計算機算了 S_1, S_2, S_3, S_4, S_5，應該懂這個感覺。」

由梨：「什麼感覺？」

我：「如果 0.999 小數點後面的 9 一直延伸下去，會非常趨近某個特定數值吧？」

由梨：「嗯，會趨近 1。」

我：「沒錯！所以我的猜想是這樣……」

我的猜想

$$\lim_{k \to \infty} S_k = a_1 + a_2 + \cdots = 1$$

由梨:「咦?可以寫成等於 1 嗎?不是等於 0.999······嗎?」

我:「兩個都可以喔,因為 0.999······ = 1。」

由梨:「0.999······ = 1?真的嗎?」

我:「真的啊。0.999······與 1 用最嚴謹的標準來看,仍然相等喔。」

由梨:「真的嗎?」

5.7 0.999······ = 1 的故事

我:「真的。0.999······ 是表示**某個特定數值**的寫法。而這個數值會和 0.9, 0.99, 0.999, 0.9999, ... 這個數列無限趨近的數值相等,具體來說,這個數值就是 1。所以,0.999······ = 1 這個等式在數學上會成立。」

由梨:「原來如此,由梨原本以為 0.999······還是比 1『小一點點』。」

我:「這是常見的誤解。其實 0.999······和 1 在數學上是完全一樣的。」

由梨：「可是你看，0.9, 0.99, 0.999, 0.9999 這些數一直寫下去，還是比 1 小啊。」

我：「由梨說的沒錯。不過，0.9, 0.99, 0.999, 0.9999, ... 這個數列一直寫下去，妳覺得最後會趨近哪個數呢？即使這個數不曾出現在數列中也沒關係喔。如果這個數列會無限趨近某個特定數值，妳覺得這個數是多少？」

由梨：「啊！這個數不曾出現於數列 0.9, 0.99, 0.999, 0.9999, ... 也沒關係嗎？」

我：「是的。我要問的是，這個數列最後會趨近哪個數，就算不完全相等也沒關係。」

由梨：「那就是 1 囉，會無限趨近 1。」

我：「沒錯。一般來說，我們會將這個無限趨近 1 的數字表示成 0.999……所以，0.999…… ＝ 1 在數學上是成立的。」

由梨：「嗯，我大概懂了。」

我：「那麼，回到我們的問題囉。」

由梨：「好！」

5.8 我們的問題

我：「我們想知道，當 k 非常大，S_k 會無限趨近哪個數。」

由梨：「我想大概是 1 吧——」

我：「嗯，妳可以先這樣猜想。首先，將 S_k 拆成一項項的 a_k 來看。」

$$a_k = \frac{2^{2^{k-1}}}{2^{2^k}-1}$$

我：「仔細觀察這個式子，先從妳熟悉的地方開始看吧。最後以算出 $\lim_{k \to \infty} S_k$ 為目標。」

問題

假設數列 $\langle a_n \rangle$ 的第 k 項為：

$$a_k = \frac{2^{2^{k-1}}}{2^{2^k}-1}$$

且這個數列的部分和 S_k 為：

$$S_k = a_1 + a_2 + \cdots + a_k$$

則下列等式是否成立？

$$\lim_{k \to \infty} S_k = 1$$

由梨：「哥哥已經知道答案了嗎？」

我：「不，我還不知道。我會努力算算看，但有可能到最後還是算不出來。」

由梨：「呵呵，你算不出來，由梨會幫你的。」

我：「到時就拜託妳了。」

由梨：「先來看一下數學式吧。嗯——」

$$a_k = \frac{2^{2^{k-1}}}{2^{2^k} - 1}$$

我：「我們要考慮的是 k 非常大的情形，而根據這個數學式，我覺得 $2^{2^{k-1}}$ 和 2^{2^k} 應該是關鍵。」

由梨：「為什麼？」

我：「妳看，有兩個地方有 k 吧？但是其中一個是 $k-1$，另一個卻是 k，總覺得不太統一。」

由梨：「是喔。」

我：「我也不曉得往這個方向想是不是正確的。」

由梨：「所以呢？該怎麼做？」

我：「嗯，我們可以這樣想……

$$2^k = 2^{k-1} \times 2$$

這個等式妳可以理解吧？k 個 2 相乘，會等於 $k-1$ 個 2 相乘，再乘上 1 個 2。」

由梨：「嗯，我懂。」

我：「把這個數學式用在指數，可以得到這樣的式子……」

$$2^{2^k} = 2^{2^{k-1} \times 2}$$

由梨：「喔……」

我：「用指數規則變換這裡的 $\times 2$，表示成整體的平方。」

$$2^{2^k} = 2^{2^{k-1} \times 2} = \left(2^{2^{k-1}}\right)^2$$

由梨：「變得更複雜了！」

我：「不會喔。妳看，方框的部分一樣吧？」

$$a_k = \frac{2^{2^{k-1}}}{2^{2^k} - 1} = \frac{\boxed{2^{2^{k-1}}}}{\boxed{2^{2^{k-1}}}^2 - 1}$$

由梨：「喔……可是看起來還是很複雜啊。」

我：「看起來的確很複雜，不過因為這兩者長得一模一樣，所以可以用同一個符號代換。」

由梨：「什麼意思？」

我：「舉例來說，假設 $A_k = 2^{2^{k-1}}$，則代換後 a_k 可表示成這樣。」

$$a_k = \frac{\boxed{2^{2^{k-1}}}}{\boxed{2^{2^{k-1}}}^2 - 1} = \frac{A_k}{A_k^2 - 1} \qquad (\text{假設 } A_k = 2^{2^{k-1}})$$

由梨：「喔？」

我：「這麼一來，看起來是不是簡單許多呢？」

$$a_k = \frac{A_k}{A_k^2 - 1}$$

由梨：「真的耶！」

我：「這就是符號的威力喔。不過，接下來才是真正的問題啊
……」

由梨：「咦？你還沒考慮到接下來要做什麼嗎？」

我：「這個數學式的結構的確讓我有一點頭緒……嗯，舉例來
說，分母的 $A_k^2 - 1$ 如果看成 $A_k^2 - 1^2$，即可利用『和與差的
乘積為平方差』的公式，得到以下結果。」

$$A_k^2 - 1^2 = (A_k + 1)(A_k - 1)$$

由梨：「喔──不愧是數學式狂熱者。」

我：「別再取笑我了。即使推到這步，我還是不曉得下一步該
怎麼算啊。」

由梨：「哥哥一定可以的。」

我：「假如把乘積 $(A_k + 1)(A_k - 1)$，當作通分必經的過程，會是
什麼樣子呢？」

由梨：「通分？」

我：「先把 a_k 擺在一邊，來看看這個分數的計算吧。」

$$\begin{aligned}
\frac{1}{A_k + 1} + \frac{1}{A_k - 1} &= \frac{A_k - 1}{(A_k + 1)(A_k - 1)} + \frac{A_k + 1}{(A_k + 1)(A_k - 1)} \\
&= \frac{(A_k - 1) + (A_k + 1)}{(A_k + 1)(A_k - 1)} \\
&= \frac{2A_k}{A_k^2 - 1}
\end{aligned}$$

由梨：「……」

我：「最後算出來的結果等於 $2a_k$，所以下列等式會成立。」

$$\frac{1}{A_k + 1} + \frac{1}{A_k - 1} = 2a_k$$

$$a_k = \frac{1}{2} \left(\frac{1}{A_k + 1} + \frac{1}{A_k - 1} \right)$$

由梨：「抱歉，哥哥。你剛才展開華麗的數學式，但我不懂為什麼要這樣做。你可以先倒回去一點點嗎？而且，A_k 是什麼啊？」

我：「$A_k = 2^{2^{k-1}}$，我們剛才有用到這個假設啊。」

$$a_k = \frac{A_k}{A_k^2 - 1} \qquad (A_k = 2^{2^{k-1}})$$

由梨：「嗯，這麼一來，a_k 的分母和分子同時用 A_k 約分，會變成 $\frac{1}{A_k}$ 吧？那麼，a_k 會變成什麼呢？難道這不是等比數列嗎？」

$$a_k = \frac{A_k}{A_k^2 - 1} = \frac{1}{A_k} = \frac{1}{2^{k-1}} \qquad ?$$

我：「不對，不能用 A_k 約分。由梨忘了分母還有一個 -1，如果把分子分母同除以 A_k，會變成這樣……」

$$a_k = \frac{A_k}{A_k^2 - 1} = \frac{1}{A_k - \frac{1}{A_k}}$$

由梨：「啊，真的耶，我忘記 -1 了。」

我：「而且，A_k 不是 2^{k-1}，而是 $2^{2^{k-1}}$ 喔。所以 a_k 不是等比數列。」

由梨：「原來如此。抱歉，哥哥，我好像搞錯很多事情啊。因為我想等比數列是個很有名的數列，應該可以套用公式吧——」

我：「妳不用道歉啦，像這樣將問題和某些已知的訊息連結起來，是很重要的步驟，波利亞也要我們觀察『有沒有相似的地方』啊。不過，如果 a_k 是一個等比數列，S_k 是等比數列的和，即可用公式輕鬆算出極限值。」

由梨：「果然有公式！」

我：「如果是等比數列，的確有公式可以算出無窮級數，妳自己推導一次馬上就懂囉。」

由梨：「什麼是無窮級數？」

我：「無窮級數就是無窮數列的各項總和。舉例來說，假設有一個首項為 1、公比為 r 的等比數列 $1, r^2, r^3, \ldots$，它的無窮級數可用下列公式計算。」

首項為 1、公比為 r 之等比數列的無窮級數

$$1 + r + r^2 + r^3 + \cdots = \frac{1}{1-r}$$

※公比 r 需滿足 $-1 < r < 1$。

由梨：「這樣啊——」

我：「……」

由梨：「怎麼啦？」

我：「咦？」

由梨：「到底怎麼了？」

我：「嗯，先不管那些華麗的數學式，剛才由梨把 a_k 的分母和分子分別除以 A_k 吧？如果我們不是除以 A_k，而是除以 A_k^2，會變這樣……」

$$a_k = \frac{A_k}{A_k^2 - 1} = \frac{\dfrac{1}{A_k}}{1 - \dfrac{1}{A_k^2}} = \frac{1}{A_k} \times \frac{1}{1 - \dfrac{1}{A_k^2}}$$

由梨：「呃——那又怎樣呢？」

我：「假如我們以 r_k 代替 $\dfrac{1}{A_k}$ ……會變這樣。」

$$a_k = \frac{1}{A_k} \times \frac{1}{1 - \frac{1}{A_k^2}} = r_k \times \frac{1}{1 - r_k^2} \quad \text{（以 } r_k \text{ 代替 } \frac{1}{A_k}\text{）}$$

由梨：「……」

我：「接著，後半部的 $\frac{1}{1 - r_k^2}$ 看起來是不是很像下面這個等比級數的公式呢？」

$$\frac{1}{1 - r} = 1 + r + r^2 + r^3 + r^4 + \cdots$$

由梨：「哪裡像？」

我：「假如我們把等比級數公式的 r，以 r_k^2 代替，可以得到下面這個等式。但嚴格來說，還要加上 $-1 < r < 1$ 的條件。」

$$a_k = r_k \times \frac{1}{1 - r_k^2} = r_k \times \left(1 + (r_k^2) + (r_k^2)^2 + (r_k^2)^3 + (r_k^2)^4 + \cdots\right)$$

由梨：「哇，又出現亂七八糟的數學式了。」

我：「嗯，不過，稍微計算之後……妳看！」

$$\begin{aligned}
a_k &= r_k \times \frac{1}{1 - r_k^2} \\
&= r_k \times \left(1 + (r_k^2) + (r_k^2)^2 + (r_k^2)^3 + (r_k^2)^4 + \cdots\right) \\
&= r_k \times \left(1 + r_k^2 + r_k^4 + r_k^6 + r_k^8 + \cdots\right) \\
&= r_k^1 + r_k^3 + r_k^5 + r_k^7 + r_k^9 + \cdots
\end{aligned}$$

由梨：「咦——好厲害喔——指數變成奇數數列（1, 3, 5, 7, 9,

...）。對了，哥哥，我肚子有點餓耶，你想不想吃東西啊？」

我：「……」

由梨：「哥哥，你還在想啊？」

我：「……由梨，我覺得怪怪的。我們現在想算的應該是 S_k 的極限值才對啊。」

由梨：「S_k 是什麼？」

我：「$S_k = a_1 + a_2 + a_3 + \cdots + a_k$，換句話說，$S_k$ 是 a_1 到 a_k 的部分和。我們想求的是部分和 S_k 的極限值呀。」

由梨：「咦？既然如此，把 $r_k^1 + r_k^3 + r_k^5 + r_k^7 + r_k^9 + \ldots$ 的總和算出來，就是我們的答案吧？」

我：「不對，這樣算出來的並不是 S_k，而是 a_k。換句話說，**剛才我們推導出來的，其實是 a_k 總和的極限值！**」

---

a_k 總和的極限值

$$a_k = r_k^1 + r_k^3 + r_k^5 + r_k^7 + r_k^9 + \cdots$$

※ $k = 1, 2, 3, \ldots$，並假設 $r_k = \dfrac{1}{A_k} = \dfrac{1}{2^{2^{k-1}}}$。

由梨：「什麼意思啊？」

我：「我們想算的是 a_k 的總和，S_k。不過 a_k 本身就可寫成一個數列的總和。也就是說，S_k 可以寫成數列總和的總和！」

由梨：「什麼？總和的總和？」

我：「我們用『總和的總和』的形式，把 S_k 寫出來吧。」

$$
\begin{aligned}
S_k \;=\;& a_1 + a_2 + a_3 + \cdots + a_k \\
=\;& r_1^1 + r_1^3 + r_1^5 + r_1^7 + r_1^9 + \cdots && \leftarrow（來自 a_1） \\
+\;& r_2^1 + r_2^3 + r_2^5 + r_2^7 + r_2^9 + \cdots && \leftarrow（來自 a_2） \\
+\;& r_3^1 + r_3^3 + r_3^5 + r_3^7 + r_3^9 + \cdots && \leftarrow（來自 a_3） \\
+\;& r_4^1 + r_4^3 + r_4^5 + r_4^7 + r_4^9 + \cdots && \leftarrow（來自 a_4） \\
+\;& \cdots \\
+\;& r_k^1 + r_k^3 + r_k^5 + r_k^7 + r_k^9 + \cdots && \leftarrow（來自 a_k）
\end{aligned}
$$

由梨：「哇──太複雜了吧。一堆 r_2^3 和 r_3^9 的東西。」

我：「的確，先硬著頭皮做下去吧。」

由梨：「硬著頭皮？」

我：「根據 $r_k = \dfrac{1}{2^{2^{k-1}}}$，$r_k$ 的 j 次方可以改寫成這樣……」

$$r_k^j = \left(\frac{1}{2^{2^{k-1}}}\right)^j$$

$$= \left(\left(\frac{1}{2}\right)^{2^{k-1}}\right)^j$$

$$= \left(\frac{1}{2}\right)^{2^{k-1} \times j}$$

由梨：「看起來好麻煩……」

我：「因為 j 是奇數，所以……由梨！由梨！由梨！」

由梨：「哇！怎麼啦！」

我：「我知道了！我知道了！」

由梨：「什麼？你知道什麼了？」

我：「原來如此！是這麼回事啊。仔細想想確實是這樣呢！」

由梨：「哥哥！你到底在說什麼啦！」

我：「抱歉，剛才我算 r_k^j 的時候，得到了這個數學式吧？」

$$r_k^j = \left(\frac{1}{2}\right)^{2^{k-1} \times j}$$

由梨：「嗯。」

我：「2^{k-1} 是 2 的乘冪，當 $k = 1, 2, 3, 4, \ldots$，可得到 $2^0, 2^1, 2^2, 2^3,$ … 的數列。」

由梨：「嗯。」

我：「j 是奇數吧？」

由梨：「嗯，所以是奇數數列 $1, 3, 5, 7, ...$。」

我：「因此，$2^{k-1} \times j$ 就是『2 的乘冪與奇數的乘積』。」

由梨：「……嗯，沒錯。然後呢？」

我：「由梨還沒發現嗎？」

由梨：「咦？」

我：「同樣是 2 的乘冪，我們可以以 2^m 取代 2^{k-1}。接著，奇數 j 可以用 $2n+1$ 取代，並假設 m 和 n 都是 0 以上的整數。那麼『2 的乘冪與奇數的乘積』即可寫成這樣。」

$$2^m \times (2n + 1) \qquad (\text{m 和 n 皆為 0 以上的整數})$$

由梨：「咦……我好像在哪裡看過這個數學式。」

我：「沒錯。我們再把 S_k 寫出來看看吧。」

$$S_k = r_1^1 + r_1^3 + r_1^5 + r_1^7 + r_1^9 + \cdots \quad \leftarrow \text{（來自 } a_1\text{）}$$

$$+ \ r_2^1 + r_2^3 + r_2^5 + r_2^7 + r_2^9 + \cdots \quad \leftarrow \text{（來自 } a_2\text{）}$$

$$+ \ r_3^1 + r_3^3 + r_3^5 + r_3^7 + r_3^9 + \cdots \quad \leftarrow \text{（來自 } a_3\text{）}$$

$$+ \ r_4^1 + r_4^3 + r_4^5 + r_4^7 + r_4^9 + \cdots \quad \leftarrow \text{（來自 } a_4\text{）}$$

$$+ \ r_5^1 + r_5^3 + r_5^5 + r_5^7 + r_5^9 + \cdots \quad \leftarrow \text{（來自 } a_5\text{）}$$

$$+ \ \cdots$$

$$+ \ r_k^1 + r_k^3 + r_k^5 + r_k^7 + r_k^9 + \cdots \quad \leftarrow \text{（來自 } a_k\text{）}$$

我：「接著代入實際數字。」

$$S_k = \left(\tfrac{1}{2}\right)^1 + \left(\tfrac{1}{2}\right)^3 + \left(\tfrac{1}{2}\right)^5 + \left(\tfrac{1}{2}\right)^7 + \left(\tfrac{1}{2}\right)^9 + \cdots$$

$$+ \ \left(\tfrac{1}{2}\right)^2 + \left(\tfrac{1}{2}\right)^6 + \left(\tfrac{1}{2}\right)^{10} + \left(\tfrac{1}{2}\right)^{14} + \left(\tfrac{1}{2}\right)^{18} + \cdots$$

$$+ \ \left(\tfrac{1}{2}\right)^4 + \left(\tfrac{1}{2}\right)^{12} + \left(\tfrac{1}{2}\right)^{20} + \left(\tfrac{1}{2}\right)^{28} + \left(\tfrac{1}{2}\right)^{36} + \cdots$$

$$+ \ \left(\tfrac{1}{2}\right)^8 + \left(\tfrac{1}{2}\right)^{24} + \left(\tfrac{1}{2}\right)^{40} + \left(\tfrac{1}{2}\right)^{56} + \left(\tfrac{1}{2}\right)^{72} + \cdots$$

$$+ \ \left(\tfrac{1}{2}\right)^{16} + \left(\tfrac{1}{2}\right)^{48} + \left(\tfrac{1}{2}\right)^{80} + \left(\tfrac{1}{2}\right)^{112} + \left(\tfrac{1}{2}\right)^{144} + \cdots$$

$$+ \ \cdots$$

$$+ \ \left(\tfrac{1}{2}\right)^{2^{k-1}\times 1} + \left(\tfrac{1}{2}\right)^{2^{k-1}\times 3} + \left(\tfrac{1}{2}\right)^{2^{k-1}\times 5}$$

$$\qquad\qquad + \ \left(\tfrac{1}{2}\right)^{2^{k-1}\times 7} + \left(\tfrac{1}{2}\right)^{2^{k-1}\times 9} + \cdots$$

$$+ \ \cdots$$

由梨：「咦？這些數的指數是……那張表？」

我：「沒錯！這些數的指數，和由梨發想自奇怪骰子的表一模一樣喔！」

1	3	5	7	9	⋯
2	6	10	14	18	⋯
4	12	20	28	36	⋯
8	24	40	56	72	⋯
16	48	80	112	144	⋯
⋮	⋮	⋮	⋮	⋮	⋱

由梨：「可是……那又怎樣呢？」

我：「妳想想看那張表的性質！所有自然數都只出現一次！」

由梨：「咦！」

所有自然數皆可寫成以下形式，
且每一個自然數皆對應唯一的 m 和 n。

$$2^m \times (2n + 1) \qquad (m \text{ 和 } n \text{ 皆為 } 0 \text{ 以上的整數})$$

我：「當 k 越來越大，S_k 會逐漸趨近『許多 $\frac{1}{2}$ 的乘冪』的總和。而這些乘冪的指數和由梨剛才畫的表具有同樣的規律。」

由梨：「啊……」

我：「所以，想求 S_k 的極限值，只需知道 $\frac{1}{2}$ 的 1, 2, 3, 4, 5, ... 次方是多少，亦即把所有自然數代入 $\frac{1}{2}$ 的次方，再求出總和。聽起來很複雜吧，但用數學式來表示會很好懂喔。我們想算的 $\lim_{k \to \infty} S_k$ 可以寫成這樣。」

$$\lim_{k \to \infty} S_k = \left(\frac{1}{2}\right)^1 + \left(\frac{1}{2}\right)^2 + \left(\frac{1}{2}\right)^3 + \left(\frac{1}{2}\right)^4 + \left(\frac{1}{2}\right)^5 + \cdots$$

由梨：「$\frac{1}{2}$ 加上 $\frac{1}{2}$ 的平方……會等於什麼啊？」

我：「用無窮等比級數的公式，設首項為 1、公比為 $\frac{1}{2}$，最後再將首項的 1 減掉。」

$$
\begin{aligned}
&\left(\frac{1}{2}\right)^1 + \left(\frac{1}{2}\right)^2 + \left(\frac{1}{2}\right)^3 + \left(\frac{1}{2}\right)^4 + \left(\frac{1}{2}\right)^5 + \cdots \\
&= \frac{1}{1-r} - 1 \qquad \text{根據無窮等比級數公式} \\
&= \frac{1}{1-\frac{1}{2}} - 1 \qquad \text{代入 } r = \frac{1}{2} \\
&= 2 - 1 \qquad\qquad \text{計算} \\
&= 1
\end{aligned}
$$

由梨：「就是 1！」

我：「和我們預料的一樣！」

解答

設數列 $\langle a_n \rangle$ 的第 k 項為：

$$a_k = \frac{2^{2^{k-1}}}{2^{2^k} - 1}$$

設此數列的部分和 S_k 為：

$$S_k = a_1 + a_2 + \cdots + a_k$$

則可得到以下結果：

$$\lim_{k \to \infty} S_k = 1$$

由梨：「喔！」

我：「我們能回答村木老師的研究課題囉。」

村木老師的研究課題解答

$$\frac{2}{3} + \frac{4}{15} + \frac{16}{255} + \frac{256}{65535} + \frac{65536}{4294967295} + \cdots = 1$$

由梨：「哥哥好厲害！」

媽媽：「孩子們，吃點心囉！」

　　廚房傳來媽媽的聲音。當媽媽喊出「孩子們」──我們的數學對話即告一段落。

我：「去吃點心吧。」

由梨：「嗯！」

　　我和由梨解決了「奇怪骰子之謎」。不過，有些地方還是讓我很在意，例如調換了相加順序的無窮級數，在調換相加的順序時，是否必須滿足某些條件呢？另外，由梨說我**展開華麗的數學式**時，提出了自己的想法。如果我不照她的想法，而是依照我一開始的想法推導，能不能導出另一種求 S_k 極限值的方法呢？不過這些問題，都待吃完點心再解決吧。

參考文獻：小針晛宏《數學 I ‧ II ‧ III…∞ ──高中生的數學入門》（日本評論社）

　　「知道問題在哪裡，即可得到解決這個問題的新問題。」

第 5 章的問題

●問題 5-1（2 的乘冪與奇數的乘積）

本章曾提到，所有正整數 N 都可以寫成以下形式：

$$2^m \times (2n + 1) \qquad (m \text{ 和 } n \text{ 皆為 } 0 \text{ 以上的整數})$$

請回答以下問題：

①當 $m = 0$，N 是什麼樣的數？

②當 $n = 0$，N 是什麼樣的數？

③當 $N = 192$，請求對應的 m 和 n。

④當 N 是 4 的倍數，請求 m 與 n 可能是哪些數。

（解答在第 238 頁）

●問題 5-2（求總和）

請求下列式子的總和。

$$\frac{1}{1} + \frac{1}{2} + \frac{1}{4} + \frac{1}{8} + \frac{1}{16} + \frac{1}{32} + \frac{1}{64}$$

（解答在第 239 頁）

●問題 5-3（求級數）

設數列 $\langle a_n \rangle$ 的一般項可表示為：

$$a_n = \sum_{k=1}^{n} \frac{1}{2^k}$$

請求以下數值。

$$\lim_{n \to \infty} a_n$$

（解答在第 242 頁）

尾聲

　　某天，某時，在數學資料室。

少女：「哇，這裡有好多東西耶！」

老師：「是啊。」

少女：「老師，這是什麼？」

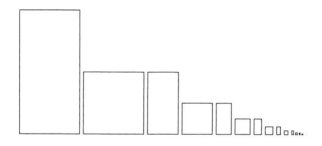

老師：「妳覺得看起來像什麼呢？」

少女：「看起來像越來越小的長方形和正方形。」

老師：「這是無限多片的拼圖，全部拼起來會變成一個正方形。」

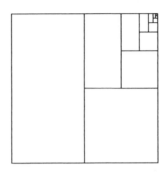

少女：「無限多片怎麼拼得完呢？」

老師：「妳想拼多少，就能拼多少喔。如果拼圖的面積是數列 $\dfrac{1}{2}, \dfrac{1}{4}, \dfrac{1}{8}, \cdots$ 那麼整塊拼圖的面積會無限趨近 1。這就是極限值。」

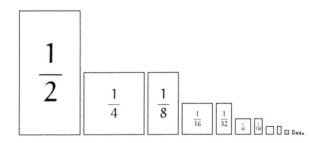

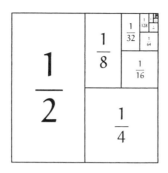

少女：「極限值……」

老師：「用 Σ 可以寫成下面這樣，且極限值等於 1。」

$$\sum_{k=1}^{\infty} \frac{1}{2^k} = \frac{1}{2^1} + \frac{1}{2^2} + \frac{1}{2^3} + \frac{1}{2^4} + \cdots = 1$$

◎　◎　◎

少女：「老師，這又是什麼呢？」

1	3	5	7	9	⋯
2	6	10	14	18	⋯
4	12	20	28	36	⋯
8	24	40	56	72	⋯
16	48	80	112	144	⋯
⋮	⋮	⋮	⋮	⋮	⋱

老師：「妳覺得像什麼呢？」

少女：「乘法表？」

老師：「是啊。這是按照『2 的乘冪』和『奇數』的乘積，所排出的自然數表格。」

少女：「老師，這也是乘法表嗎？」

1	11	101	111	1001	⋯
10	110	1010	1110	10010	⋯
100	1100	10100	11100	100100	⋯
1000	11000	101000	111000	1001000	⋯
10000	110000	1010000	1110000	10010000	⋯
⋮	⋮	⋮	⋮	⋮	⋱

老師：「是啊，這是用二進位表示的乘法表。」

少女：「0 的排列好像有規律耶⋯⋯」

老師：「是啊。2 的乘冪 2^m 以二進位表示，會變成 1 的後面有 m 個 0。」

十進位	2^m	二進位
1	2^0	1
2	2^1	10
4	2^2	100
8	2^3	1000
16	2^4	10000
	⋮	

少女：「真的嗎！」

老師：「而且，要用二進位表示『乘以 2^m』，只需『在後面加上 m 個 0』。舉例來說，如果我們想用二進位來表示 3 乘以 2^m，會得到以下的結果。另外，用二進位表示，要加上（ ）$_2$ 的記號。」

$$3 \times 2^0 = (11)_2 \times (1)_2 = (11)_2$$
$$3 \times 2^1 = (11)_2 \times (10)_2 = (110)_2$$
$$3 \times 2^2 = (11)_2 \times (100)_2 = (1100)_2$$
$$3 \times 2^3 = (11)_2 \times (1000)_2 = (11000)_2$$
$$3 \times 2^4 = (11)_2 \times (10000)_2 = (110000)_2$$
$$\vdots \qquad\qquad \vdots$$
$$3 \times 2^m = (11)_2 \times (\underbrace{1000\cdots0}_{m\ \text{個}})_2 = (\underbrace{11000\cdots0}_{m\ \text{個}})_2$$
$$\vdots \qquad\qquad \vdots$$

少女：「好神奇！」

老師：「其實沒什麼特別的，這道理同於用十進位表示『乘以 10^m』，只需『在後面加上 m 個 0』。」

少女：「只不過是從十進位換成二進位，就可以看出這樣的規律，好神奇！」

老師：「不同的數字表示方式，以及不同的數列表示方式，會呈現不同的規律。而且同樣的規律一再出現，常常隱含著更深刻的意義喔。」

少女：「……」

老師：「我是不是說得太複雜了？」

少女：「只有單一模式會令人感到無聊，而且沒什麼意義。但是同樣的模式反覆出現，卻又別具意義，真有趣呢！」

少女笑說著。

【解答】

A   N   S   W   E   R   S

第 1 章的解答

●問題 1-1（以符號表示）

如下圖所示，請用正方形磁磚拼出一個方框。若要拼出每邊有 n 片磁磚的方框，需要多少片磁磚呢？

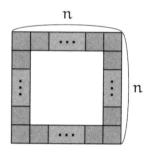

■解答 1-1

如右頁圖所示，每邊 $n-1$ 片磁磚，共需 $(n-1) \times 4 = 4n-4$ 片磁磚。

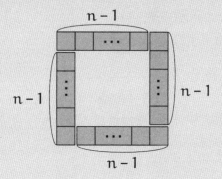

【另解 1】每邊 n 片磁磚，有 4 個邊，應為 $4n$ 片磁磚。但這樣會重複計算到四個角落的 4 片磁磚，因此扣掉重複的磁磚可得到 $4n - 4$ 片磁磚。

【另解 2】可視為邊長為 n 的正方形，扣掉邊長為 $n - 2$ 的正方形，所以磁磚數量為 $n^2 - (n - 2)^2 = 4n - 4$。

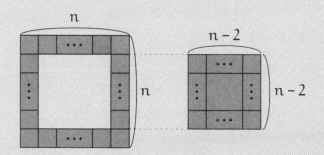

<u>答 $4n - 4$ 片</u>

●問題 1-2（求階差數列）

請求以下數列的階差數列。

① 0, 3, 6, 9, 12, 15, 18, . . .

② 0, −3, −6, −9, −12, −15, . . .

③ 16, 14, 12, 10, 8, 6, . . .

④ 1, −3, 5, −7, 9, −11, . . .

■解答 1-2

答案如下。

① 3, 3, 3, 3, 3, 3, . . .

② −3, −3, −3, −3, −3, . . .

③ −2, −2, −2, −2, −2, . . .

④ −4, 8, −12, 16, −20, . . .

●問題 1-3（階差數列的相關問題）

①若某數列的階差數列為常數數列 3, 3, 3, 3, ...，我們是否能確定這個數列一定是由 3 的倍數所組成呢？

②若某數列的階差數列為常數數列 0, 0, 0, 0, ...，我們是否能確定這個數列一定是常數數列呢？

■解答 1-3

①否，無法確定。舉例來說，數列 1, 4, 7, 10, 13, ... 的階差數列為 3, 3, 3, 3, ...。然而數列 1, 4, 7, 10, 13, ... 並非由 3 的倍數所組成的數列（反例）。

②是，可以確定。若階差數列為 0, 0, 0, 0, ...，則原數列從首項開始，每一項一定都是相同數值，屬於常數數列。舉例來說，若首項是 5，則原數列即為常數數列 5, 5, 5, 5, ...。

第 2 章的解答

●問題 2-1（以 Σ 表示）

請將以下數學式改用 Σ 來表示。

① $1 + 2 + 3 + \cdots + n$

② $2 + 4 + 6 + \cdots + 2n$

③ $2^0 + 2^1 + 2^2 + \cdots + 2^{n-1}$

④ $a_1 + a_3 + a_5 + a_7 + \cdots + a_{99}$

■解答 2-1

①式中，整數 k 從 1 增加至 n，再將所有 k 加總。

$$1 + 2 + 3 + \cdots + n = \sum_{k=1}^{n} k$$

答 $\displaystyle\sum_{k=1}^{n} k$

②式為 2, 4, 6, ..., $2n$ 等偶數的總和。整數 k 從 1 開始增加至 n，再將所有 $2k$ 加總。

$$2+4+6+\cdots+2n = \sum_{k=1}^{n} 2k$$

$$答　\sum_{k=1}^{n} 2k$$

※當然，將 2 提出的 $2\sum\limits_{k=1}^{n} k$，也是正確答案。由此可知，第②小題的答案是第①小題答案的兩倍。

③式中，使整數 k 從 0 增加至 $n-1$，再將所有 2^k 加總。

$$2^0+2^1+2^2+\cdots+2^{n-1} = \sum_{k=0}^{n-1} 2^k$$

也可以想成，使整數 k 從 1 開始增加至 n，再將所有 2^{k-1} 加總。亦即將下限與上限同時加 1，並將和本體內的 k，以 $k-1$ 代換。

$$2^0+2^1+2^2+\cdots+2^{n-1} = \sum_{k=1}^{n} 2^{k-1}$$

$$答　\sum_{k=0}^{n-1} 2^k \quad （或者是 \sum_{k=1}^{n} 2^{k-1}）$$

④式是在 a_1 至 a_{99} 中，將下標為奇數的項加總。使整數 k 從 1 增加至 50，再將所有 a_{2k-1} 加總。

$$a_1 + a_3 + a_5 + a_7 + \cdots + a_{99} = \sum_{k=1}^{50} a_{2k-1}$$

下表可確認當 k 從 1, 2, 3 增加至 49, 50，$2k-1$ 與 a_{2k-1} 分別是多少。

k	1	2	3	4	...	49	50
$2k-1$	1	3	5	7	...	97	99
a_{2k-1}	a_1	a_3	a_5	a_7	...	a_{97}	a_{99}

答 $\displaystyle\sum_{k=1}^{50} a_{2k-1}$

●問題 2-2（Σ 的計算）

請求以下數學式的答案。

① $\displaystyle\sum_{k=10}^{11} 1$

② $\displaystyle\sum_{k=1}^{5} k$

③ $\displaystyle\sum_{k=101}^{105} (k-100)$

■解答 2-2

①式中，使整數 k 從 10 增加至 11，並加總所有的 1。所以需將 $k = 10$ 的 1，與 $k = 11$ 的 1 相加，得到 2。

$$\sum_{k=10}^{11} 1 = \underbrace{1}_{k\,=\,10} + \underbrace{1}_{k\,=\,11}$$
$$= 2$$

答 2

②式中，使整數 k 從 1 增加至 5，再加總所有的 k。

$$\sum_{k=1}^{5} k = 1 + 2 + 3 + 4 + 5$$
$$= 15$$

答 15

③式中，使整數 k 從 101 增加至 105，再加總所有的 $k - 100$。

$$\sum_{k=101}^{105} (k - 100)$$
$$= (101 - 100) + (102 - 100) + (103 - 100) + (104 - 100) + (105 - 100)$$
$$= 1 + 2 + 3 + 4 + 5$$
$$= 15$$

　　本式與「使整數 k 從 1 增加至 5，再加總所有的 k」相同，可將下限與上限同時減 100，並將和本體內的 k，以 $k + 100$ 代換。

$$\sum_{k=101}^{105} (k - 100) = \sum_{k=1}^{5} ((k + 100) - 100)$$

$$= \sum_{k=1}^{5} k$$

$$= 1 + 2 + 3 + 4 + 5$$

$$= 15$$

答 15

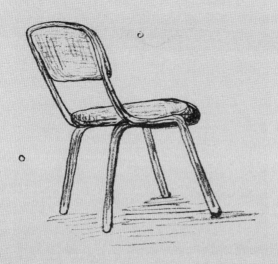

第 3 章的解答

●問題 3-1（等比數列的一般項）

設以下數列皆為等比數列，請用 n 來表示以下數列的一般項。

① 1, 0.1, 0.01, 0.001, 0.0001, . . .

② $\sqrt{2}$, 2, $2\sqrt{2}$, 4, $4\sqrt{2}$, . . .

③ 1, $-\dfrac{1}{2}$, $\dfrac{1}{4}$, $-\dfrac{1}{8}$, $\dfrac{1}{16}$, $\cdots$

■解答 3-1

若等比數列的首項為 a、公比為 r，則一般項可表示為 ar^{n-1}。因此，只要知道首項和公比，就能寫出此等比數列的一般項。

①式為 1, 0.1, 0.01, 0.001, 0.0001, ...。其中，首項為 1，公比為 0.1，所以一般項為 $1 \times 0.1^{n-1} = 0.1^{n-1}$。

答　0.1^{n-1}

②式為 $\sqrt{2}$, 2, $2\sqrt{2}$, 4, $4\sqrt{2}$, ...。其中，首項為 $\sqrt{2}$，公比為 $\sqrt{2}$，所以一般項為 $\sqrt{2} \times (\sqrt{2})^{n-1} = (\sqrt{2})^n$。

答　$(\sqrt{2})^n$

③式為 $1, -\dfrac{1}{2}, \dfrac{1}{4}, -\dfrac{1}{8}, \dfrac{1}{16}, \ldots$。其中，首項為 1，公比為 $-\dfrac{1}{2}$，所以一般項為 $1 \times \left(-\dfrac{1}{2}\right)^{n-1} = \left(-\dfrac{1}{2}\right)^{n-1}$。

答 $\left(-\dfrac{1}{2}\right)^{n-1}$

●問題 3-2（等差數列的一般項）

設一等差數列首項為 a、公差為 d，請用 a, d, n 來表示此數列的第 n 項。

■解答 3-2

本題與第 85 頁，已知首項為 a、公比為 r，求等比數列之一般項的方法類似。

設首項為 a、公差為 d 的等差數列，一般項為 a_n，則 $a_1, a_2, a_3, a_4, a_5, \ldots$ 可以用下頁式子表示。

$$a_1 = a$$
$$a_2 = a + d$$
$$a_3 = a + 2d$$
$$a_4 = a + 3d$$
$$a_5 = a + 4d$$
$$\vdots$$

由此可知，a_n 等於首項 a 加上 $n-1$ 倍的公差 d，所以一般項可表示成：

$$a_n = a + (n-1)d$$

答　$a+(n-1)d$

●問題 3-3（階差數列與原數列相同）

「我」和由梨曾思考有哪個數列的階差數列會與原數列相同，而他們最後只想到等比數列符合此條件。請你想想看，除了等比數列，還有沒有哪個數列的階差數列與原數列相同？

■解答 3-3

若數列 $a_1, a_2, a_3, a_4, \ldots$ 的階差數列與原數列相同，則對任何正整數 $n = 1, 2, 3, \ldots$ 來說，以下等式皆成立。

$$a_{n+1} - a_n = a_n$$

移項可得以下等式：

$$a_{n+1} = 2a_n$$

由此可知，a_{n+1} 為 a_n 的兩倍，所以 $a_1, a_2, a_3, \ldots$ 為一首項為 a_1、公比為 2 的等比數列。

因此，除了等比數列，其餘數列的階差數列皆不會與原數列相同。

答 除了等比數列，其餘數列的階差數列
皆不會與原數列相同。

※數列 $0, 0, 0, \ldots$ 可視為首項 $a_1 = 0$、公比為 2 的等比數列。

第 4 章的解答

●問題 4-1（Σ 的計算）

試推導 1 到 n 的整數和公式（第 135 頁）。

$$\sum_{k=1}^{n} k = \frac{n(n+1)}{2}$$

■解答 4-1

將 1 到 n 的整數和，以及 n 到 1 的整數和，以直式相加，如下：

$$\sum_{k=1}^{n} k = \quad 1 \quad + \quad 2 \quad + \cdots + (n-1) + \quad n$$

$$+) \; \sum_{k=1}^{n} k = \quad n \quad + (n-1) + \cdots + \quad 2 \quad + \quad 1$$

$$\overline{2 \sum_{k=1}^{n} k = (n+1) + (n+1) + \cdots + (n+1) + (n+1)}$$

可看出 $2\sum_{k=1}^{n} k$ 等於 n 個 $n+1$ 的總和。

$$2 \sum_{k=1}^{n} k = \underbrace{(n+1) + (n+1) + \cdots + (n+1) + (n+1)}_{n \text{ 個}}$$

將總和化為乘積，可得下式。

$$2 \sum_{k=1}^{n} k = n(n+1)$$

等號兩邊除以 2，可得下式。

$$\sum_{k=1}^{n} k = \frac{n(n+1)}{2}$$

●問題 4-2（Σ 的計算）

試計算下列數學式。

$$\sum_{k=1}^{n} (2k - 1)$$

■解答 4-2

$\sum_{k=1}^{n}$ 為 1 至 $2n-1$ 中，所有奇數的總和。若你還記得第 1 章黑白棋棋盤的例子（第 14 頁），即可算出答案為 n^2。

另外，由第 2 章所學的「操縱總和」方法，亦可求出答案，步驟如下頁。

$$\sum_{k=1}^{n} (2k - 1) = \sum_{k=1}^{n} 2k - \sum_{k=1}^{n} 1 \qquad \text{改變加法的順序}$$

$$= 2\sum_{k=1}^{n} k - \sum_{k=1}^{n} 1 \qquad \text{將 2 提出}$$

$$= 2 \cdot \frac{n(n + 1)}{2} - \sum_{k=1}^{n} 1 \qquad \text{由問題 4-1 的結果得知}$$

$$= n(n + 1) - \sum_{k=1}^{n} 1 \qquad \text{計算}$$

$$= n(n + 1) - n \qquad \text{因為 } n \text{ 個 1 相加等於 } n$$

$$= n^2 + n - n \qquad \text{因為 } n(n + 1) = n^2 + n$$

$$= n^2$$

$$\text{答} \quad \sum_{k=1}^{n} (2k - 1) = n^2$$

●問題 4-3（根號的計算）

試計算下列題目。

① $(\sqrt{3} + \sqrt{2})(\sqrt{3} - \sqrt{2})$

② $\dfrac{1}{\sqrt{6} - \sqrt{5}}$

③ $\sqrt{(a + b)^2 - 4ab}$ （假設 $a > b$）

■解答 4-3

①

$$(\sqrt{3} + \sqrt{2})(\sqrt{3} - \sqrt{2})$$
$$= (\sqrt{3})^2 - (\sqrt{2})^2 \qquad \text{和與差的乘積為平方差}$$
$$= 3 - 2$$
$$= 1$$

答 $\underline{1}$

②

$$\frac{1}{\sqrt{6}-\sqrt{5}}$$

$$=\frac{\sqrt{6}+\sqrt{5}}{(\sqrt{6}-\sqrt{5})\cdot(\sqrt{6}+\sqrt{5})}$$ 分母與分子皆乘以（$\sqrt{6}+\sqrt{5}$）

$$=\frac{\sqrt{6}+\sqrt{5}}{(\sqrt{6})^2-(\sqrt{5})^2}$$

$$=\frac{\sqrt{6}+\sqrt{5}}{6-5}$$

$$=\frac{\sqrt{6}+\sqrt{5}}{1}$$

$$=\sqrt{6}+\sqrt{5}$$

答　$\sqrt{6}+\sqrt{5}$

③

$$\sqrt{(a+b)^2-4ab}$$

$$=\sqrt{(a^2+2ab+b^2)-4ab}$$ 展開

$$=\sqrt{a^2-2ab+b^2}$$ 因為 $2ab-4ab=-2ab$

$$=\sqrt{(a-b)^2}$$ 因為 $a^2-2ab+b^2=(a-b)^2$

$$=a-b$$ 因為 $a>b$　　$a-b>0$

答　$a-b$

●問題 4-4（七・零・七妹妹）

假設你沒有背 $\sqrt{2}$ 的近似值是多少，請由平方後比 2 大的正數，以及平方後比 2 小的正數，一步步確認 $\dfrac{\sqrt{2}}{2}$ 大約為 0.707。

■解答 4-4

由平方後比 2 大的正數，以及平方後比 2 小的正數，慢慢求出數值：

• $1.414^2 = 1.999396$

• $1.415^2 = 2.002225$

可知答案在（1.414, 1.415）之間：

$$
\begin{array}{ccccc}
1.999396 & < & 2 & < & 2.002225 \\
1.414^2 & < & 2 & < & 1.415^2 & \cdots① \\
\sqrt{1.414^2} & < & \sqrt{2} & < & \sqrt{1.415^2} & \cdots② \\
1.414 & < & \sqrt{2} & < & 1.415 \\
\dfrac{1.414}{2} & < & \dfrac{\sqrt{2}}{2} & < & \dfrac{1.415}{2} \\
0.707 & < & \dfrac{\sqrt{2}}{2} & < & 0.7075
\end{array}
$$

所以：

$$
\frac{\sqrt{2}}{2} = 0.707\cdots
$$

至此便可確認 $\dfrac{\sqrt{2}}{2}$ 大約等於 0.707。

※另外，由於 $0.707 < \dfrac{\sqrt{2}}{2} < 0.7075$，所以可確定 $\dfrac{\sqrt{2}}{2}$ 的小數點以下第四位，是 0 以上、4 以下的數。

※從①式推導至②式時，用了「當 $0 \le x < y$，$\sqrt{x} < \sqrt{y}$」的性質。

第 5 章的解答

●問題 5-1（2 的乘冪與奇數的乘積）

本章曾提到，所有正整數 N 都可以寫成以下形式：

$$2^m \times (2n + 1) \qquad (m \text{ 和 } n \text{ 皆為 0 以上的整數})$$

請回答以下問題：

① 當 $m = 0$，N 是什麼樣的數？

② 當 $n = 0$，N 是什麼樣的數？

③ 當 $N = 192$，請求對應的 m 和 n。

④ 當 N 是 4 的倍數，請求 m 與 n 可能是哪些數。

■解答 5-1

①當 $m = 0$，$N = 2^0 \times (2n + 1) = 2n + 1$，所以 N 為奇數（1, 3, 5, 7, ...）。

答 奇數（1, 3, 5, 7, ...）

②當 $n = 0$，$N = 2^m \times (2 \times 0 + 1) = 2^m$，所以 N 為 2 的乘冪（1, 2, 4, 8, ...）。

答　2 的乘冪（1, 2, 4, 8, ...）

③當 $N = 192$，$N = 2^m \times (2n + 1) = 2^6 \times (2 \times 1 + 1)$，所以 $m = 6, n = 1$。

答　$m = 6, n = 1$

③當 N 是 4 的倍數，而 $4 = 2^2$，因此 $N = 2^m \times (2n + 1)$。所以 m 是大於 2 的整數，n 是大於 0 的整數。

答　m 是大於 2 的整數，n 是大於 0 的整數

●問題 5-2（求總和）

請求下列式子的總和。

$$\frac{1}{1} + \frac{1}{2} + \frac{1}{4} + \frac{1}{8} + \frac{1}{16} + \frac{1}{32} + \frac{1}{64}$$

■解答 5-2

通分即可得到答案。

$$\frac{1}{1} + \frac{1}{2} + \frac{1}{4} + \frac{1}{8} + \frac{1}{16} + \frac{1}{32} + \frac{1}{64}$$

$$= \frac{64}{64} + \frac{32}{64} + \frac{16}{64} + \frac{8}{64} + \frac{4}{64} + \frac{2}{64} + \frac{1}{64}$$

$$= \frac{127}{64}$$

答 $\dfrac{127}{64}$

【另解】設 S_n 的定義如下（本題要求的是 S_6）：

$$S_n = \frac{1}{1} + \frac{1}{2} + \frac{1}{4} + \frac{1}{8} + \frac{1}{16} + \cdots + \frac{1}{2^{n-1}} + \frac{1}{2^n}$$

將兩邊各乘以 $\dfrac{1}{2}$。

$$\frac{1}{2}S_n = \frac{1}{2}\left(\frac{1}{1} + \frac{1}{2} + \frac{1}{4} + \frac{1}{8} + \frac{1}{16} + \cdots + \frac{1}{2^{n-1}} + \frac{1}{2^n}\right)$$

$$= \frac{1}{2} + \frac{1}{4} + \frac{1}{8} + \frac{1}{16} + \frac{1}{32} + \cdots + \frac{1}{2^n} + \frac{1}{2^{n+1}}$$

$$= -\frac{1}{1} + \left(\frac{1}{1} + \frac{1}{2} + \frac{1}{4} + \frac{1}{8} + \frac{1}{16} + \frac{1}{32} + \cdots + \frac{1}{2^n}\right) + \frac{1}{2^{n+1}}$$

$$= -\frac{1}{1} + S_n + \frac{1}{2^{n+1}}$$

以下等式會成立：

$$\frac{1}{2}S_n = -\frac{1}{1} + S_n + \frac{1}{2^{n+1}}$$

經以下推導過程，可得到 S_n。

$$\frac{1}{2}S_n = -\frac{1}{1} + S_n + \frac{1}{2^{n+1}}$$

$$\frac{1}{2}S_n - S_n = -\frac{1}{1} + \frac{1}{2^{n+1}} \qquad 將 \ S_n 移項$$

$$\left(\frac{1}{2} - 1\right)S_n = -\frac{1}{1} + \frac{1}{2^{n+1}} \qquad 提出等號左邊的 \ S_n$$

$$-\frac{1}{2}S_n = -1 + \frac{1}{2^{n+1}} \qquad 計算$$

$$S_n = 2 - \frac{1}{2^n} \qquad 等號兩邊皆乘以 -2$$

最後可得到以下等式：

$$S_n = 2 - \frac{1}{2^n}$$

所求總和 $\dfrac{1}{1} + \dfrac{1}{2} + \dfrac{1}{4} + \dfrac{1}{8} + \dfrac{1}{16} + \dfrac{1}{32} + \dfrac{1}{64}$ 為 S_6。

$$S_6 = 2 - \frac{1}{2^6} = 2 - \frac{1}{64} = \frac{127}{64}$$

答 $\dfrac{127}{64}$

●問題 5-3（求出級數）

設數列 $\langle a_n \rangle$ 的一般項可表示為：

$$a_n = \sum_{k=1}^{n} \frac{1}{2^k}$$

請求出以下數值。

$$\lim_{n \to \infty} a_n$$

■解答 5-3

$\lim\limits_{n \to \infty} a_n$ 要算的是，當 n 依照數列 $1, 2, 3, \ldots$ 的規則逐漸增加，a_n 會無限趨近哪個數。必須先計算 a_n 是多少。

因為：

$$a_n = \sum_{k=1}^{n} \frac{1}{2^k}$$

$$= \frac{1}{2} + \frac{1}{4} + \cdots + \frac{1}{2^n}$$

所以，由解答 5-2 的 S_n 可得到：

$$a_n = S_n - 1$$

$$= \left(2 - \frac{1}{2^n}\right) - 1 \qquad 以 \ 2 - \frac{1}{2^n} 代換 \ S_n$$

$$= 1 - \frac{1}{2^n}$$

當 n 依照數列 1, 2, 3, ... 的規則逐漸增加，$\dfrac{1}{2^n}$ 會無限趨近於 0，所以 $a_n = 1 - \dfrac{1}{2^n}$ 會無限趨近於 1。因此，我們可得到：

$$\lim_{n \to \infty} a_n = 1$$

$$答 \ \lim_{n \to \infty} a_n = 1$$

獻給想要深入思考的你

　　在此，我將提出一些全然不同的題目，獻給除了本書的數學對話，還想多思考的你。本書不提供這些題目的解答，而且正確答案不只一個。

　　請試著自己解題，或找一些同伴，一起來仔細思考。

第 1 章　數的排列、數的擴展

●研究問題 1-X1（以符號表示）
將磁磚排成下圖的樣子，且底部為 n 片磁磚，則總共需多少片磁磚？

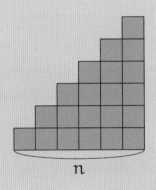

n

●研究問題 1-X2（階差數列的每一項皆大於 0）
若一數列的階差數列，每一項皆大於 0，則原數列應有什麼特性？

●研究問題 1-X3（階差數列與原數列相同）

階差數列是否可能與原數列相同呢？換句話說，數列 $a,$ $b, c, d, \ldots$ 的階差數列，是否可能是數列 $a, b, c, d, \ldots$ 呢？

第 2 章　神奇的 Σ

●研究問題 2-X1（Σ 的計算）

請簡化以下數學式。

$$\sum_{k=1}^{n}(2k-1)+\sum_{k=1}^{n}2k$$

●研究問題 2-X2（Σ 的計算）

請簡化以下數學式。

$$\sum_{k=1}^{n}(a_{k+1}-a_k)$$

●研究問題 2-X3（Σ 的表示法）

以 Σ 表示總和，可以用下面這種方式表示。請指出整數 k 的「上限」與「下限」。

$$\sum_{k=1}^{50} a_{2k-1}$$

也可以用下面這種方式表示。請在 Σ 的下面加註明。

$$\sum_{\substack{1 \leq k < 100 \\ k \text{為奇數}}} a_k$$

請想想看這兩種方式的優缺點。

第 3 章　優美的費波那契

●研究問題 3-X1（2 的乘冪）

在第 3 章，由梨說出 1024 這個數，而它正是 2 的乘冪。在你的周圍有沒有哪些數也是 2 的乘冪呢？

●研究問題 3-X2（補充證明）

請證明第 107 頁「大略思考」的部分。

設 A, B, C, D 皆為 0 到 9 的整數。請證明，當 $A + B$ 的個位數與 $D + B$ 的個位數皆等於 C，$A = D$ 成立。

●研究問題 3-X3（費氏數列）

在第 3 章，我和由梨將費氏數列各項的「個位數」寫成一個新的數列，並討論其特性，將費氏數列各項「除以 10 的餘數」寫成新的數列。設 n 為任意整數，請將費氏數列各項「除以 n 的餘數」寫成新的數列，看看有什麼有趣的性質。

●研究問題 3-X4（證明與數學式）

在第 3 章，「我」在解問題 1（第 87 頁）時，用了許多數學式。不過，在解問題 2（第 100 頁）和問題 3（第 103 頁）時，幾乎沒用到數學式。你覺得什麼樣的情況下要用到數學式，什麼情況下則不用呢？

第 4 章　先 Σ 再開根號

●研究問題 4-X1（研究數列的工具）
第 4 章用了以下工具來研究數列。

- 求階差數列
- 改變一般項的形式
- 畫出圖形
- 用計算機算數值

如果是你，還會利用哪些工具呢？

●研究問題 4-X2（數列的比較）
第 4 章討論了一個數列，一般項如下：

$$\sqrt{\sum_{k=1}^{n} k}$$

而現在有一數列，一般項如下所示。請比較兩數列之性質有何異同。

$$1 + \frac{\sqrt{2}}{2}(n-1)$$

●研究問題 4-X3（研究數列的工具）

第 4 章用了各種方法研究一般項為 $\sum\limits_{k=1}^{n} k$ 的數列。現在請你研究一般項如下所示的數列。

$$\sum_{k=1}^{n} \frac{1}{k}$$

可以嘗試任何方法喔！

第5章 骰子的極限

●研究問題 5-X1（數列的一般項）

試推測以下數列的一般項。

　1, 6, 20, 56, 144, 352, 832, 1920, 4352, 9728, ...

●研究問題 5-X2（等比級數的公式）

設等比數列 $\langle a_n \rangle$ 的首項為 a，公比為 r，總和 S_n 如下所示：

$$S_n = \sum_{k=1}^{n} a_k$$

請以 a, r, n 表示 S_n。

●研究問題 5-X3（骰子）

在第 5 章，「我」和由梨利用奇怪的骰子研究數列。請你利用普通的骰子，自由運用各種方法，看能不能研究出不一樣的數列。

後記

你好，我是結城浩。

感謝你閱讀《數學女孩秘密筆記：數列廣場篇》。本書出現了 Σ、極限值等，有點難的術語。若你能享受解開數列之謎的樂趣，對我來說就是最大的鼓勵。明明只是排成一列的數字，卻能拉近我們的距離，這相當神奇，對吧？

本書由 cakes 網站所連載的《數學女孩秘密筆記》第三十一回至第四十回重新編輯而成。如果你讀完本書，想知道更多關於《數學女孩秘密筆記》的內容，請你一定要上這個網站。

《數學女孩秘密筆記》系列，以平易近人的數學為題材，描述國中生由梨、高中生蒂蒂、米爾迦，以及「我」，四人盡情談論數學的故事。

這些角色亦活躍於另一個系列《數學女孩》，是以更深廣的數學為題材，所寫成的青春校園物語，推薦給你！另外，這兩個系列的英語版亦於 Bento Books 刊行喔。

請支持《數學女孩》與《數學女孩秘密筆記》這兩個系列！

日文原書使用 $\text{\LaTeX}\,2_\varepsilon$ 與 Euler Font（AMS Euler）排版。排版參考了奧村晴彥老師所作的《$\text{\LaTeX}\,2_\varepsilon$ 美文書編寫入門》，繪圖則使用 OmniGraffle、TikZ 軟體，以及大熊一弘先生（tDB 先生）的初等數學製成軟體 macro emath。在此表示感謝。

感謝下列各位，以及許多不願具名的人們，閱讀我的原稿，提供寶貴的意見。當然，本書內容若有錯誤，皆為我的疏失，並非他們的責任。

淺見悠太、五十嵐龍也、池島將司、石宇哲也、石本龍太、稻葉一浩、上原隆平、植松彌公、內田陽一、大西健登、鏡弘道、川上翠、川嶋稔哉、喜入正浩、北川巧、木村巖、黑瀨真一、毛塚和宏、元素學、上瀧佳代、坂口亞希子、高市祐貴、田中克佳、西原早郁、花田啟明、林彩、原いづみ、藤田博司、梵天ゆとり（medaka-college）、前原正英、增田菜美、松浦篤史、三宅喜義、村井建、村岡佑輔、山口健史、山田泰樹、米內貴志、綠蜜。

感謝一直以來負責《數學女孩秘密筆記》與《數學女孩》兩個系列的 SB Creative 野沢喜美男總編輯。

感謝 cakes 的加藤貞顯先生。

感謝所有支持我寫作本書的人。在各位的支持下，本系列作品獲得了二〇一四年度的日本數學會出版獎。

感謝我最愛的妻子和兩個兒子。

感謝你閱讀本書到最後。

我們在下一本《數學女孩秘密筆記》再會吧！

結城浩

索引

國家圖書館出版品預行編目（CIP）資料

數學女孩秘密筆記：數列廣場／結城浩作；
　陳朕疆譯. -- 初版. -- 新北市：世茂, 2016.05
　　面；　公分. --（數學館 ；25）

　ISBN 978-986-92837-4-8（平裝）

　1. 數學　2.通俗作品

310　　　　　　　　　　　　105005928

數學館 25

數學女孩秘密筆記：數列廣場篇

作　　　者／結城浩
審 訂 者／洪萬生
譯　　　者／陳朕疆
主　　　編／陳文君
責任編輯／石文穎
出 版 者／世茂出版有限公司
地　　　址／（231）新北市新店區民生路 19 號 5 樓
電　　　話／（02）2218-3277
傳　　　真／（02）2218-3239（訂書專線）
　　　　　　（02）2218-7539
劃撥帳號／19911841
戶　　　名／世茂出版有限公司
　　　　　　單次郵購總金額未滿 500 元（含），請加 50 元掛號費
世茂官網／www.coolbooks.com.tw
排版製版／辰皓國際出版製作有限公司
印　　　刷／世和彩色印刷股份有限公司
初版一刷／2016 年 5 月
　　二刷／2018 年 8 月

I S B N ／978-986-92837-4-8
定　　　價／350 元

Printed in Taiwan

讀者回函卡

感謝您購買本書，為了提供您更好的服務，歡迎填妥以下資料並寄回，
我們將定期寄給您最新書訊、優惠通知及活動消息。當然您也可以E-mail：
service@coolbooks.com.tw，提供我們寶貴的建議。

您的資料（請以正楷填寫清楚）

購買書名：＿＿＿＿＿＿＿＿＿＿＿＿＿＿＿＿＿＿＿＿＿＿

姓名：＿＿＿＿＿＿＿　生日：＿＿＿＿年＿＿月＿＿日

性別：□男 □女　E-mail：＿＿＿＿＿＿＿＿＿＿＿＿＿

住址：□□□＿＿＿縣市＿＿＿＿鄉鎮市區＿＿＿＿路街
＿＿＿＿段＿＿＿巷＿＿＿弄＿＿＿號＿＿＿樓

聯絡電話：＿＿＿＿＿＿＿＿＿＿＿＿＿＿

職業：□傳播 □資訊 □商 □工 □軍公教 □學生 □其他：＿＿＿

學歷：□碩士以上 □大學 □專科 □高中 □國中以下

購買地點：□書店 □網路書店 □便利商店 □量販店 □其他：＿＿＿

購買此書原因：＿＿ ＿＿ ＿＿ ＿＿ ＿＿（請按優先順序填寫）
1封面設計　2價格　3內容　4親友介紹　5廣告宣傳　6其他：＿＿＿

本書評價：＿＿ 封面設計 1非常滿意 2滿意 3普通 4應改進
＿＿ 內　容 1非常滿意 2滿意 3普通 4應改進
＿＿ 編　輯 1非常滿意 2滿意 3普通 4應改進
＿＿ 校　對 1非常滿意 2滿意 3普通 4應改進
＿＿ 定　價 1非常滿意 2滿意 3普通 4應改進

給我們的建議：＿＿＿＿＿＿＿＿＿＿＿＿＿＿＿＿＿＿
＿＿＿＿＿＿＿＿＿＿＿＿＿＿＿＿＿＿＿＿＿＿＿＿＿＿
＿＿＿＿＿＿＿＿＿＿＿＿＿＿＿＿＿＿＿＿＿＿＿＿＿＿

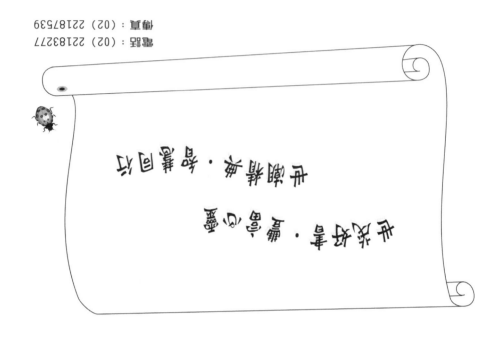

電話：(02) 22183277
傳真：(02) 22187539

廣告回函
北區郵政管理局登記證
北台字第9702號
免貼郵票

231新北市新店區民生路19號5樓

世茂
世潮　出版有限公司　收
智富

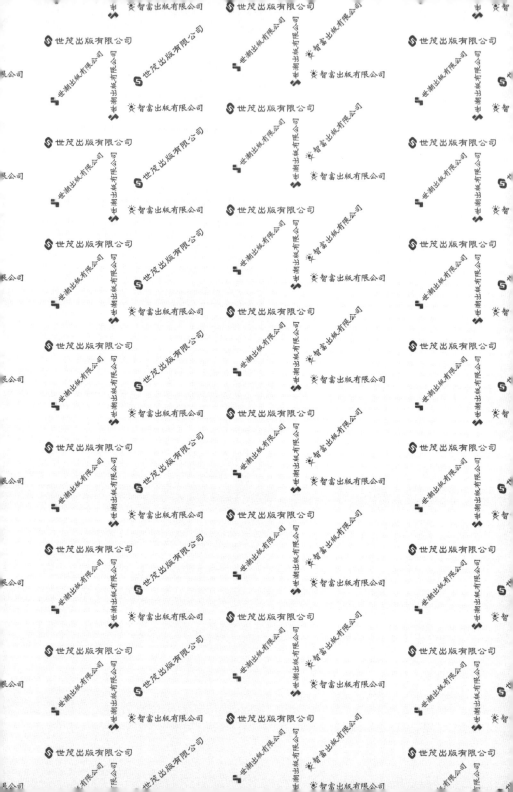

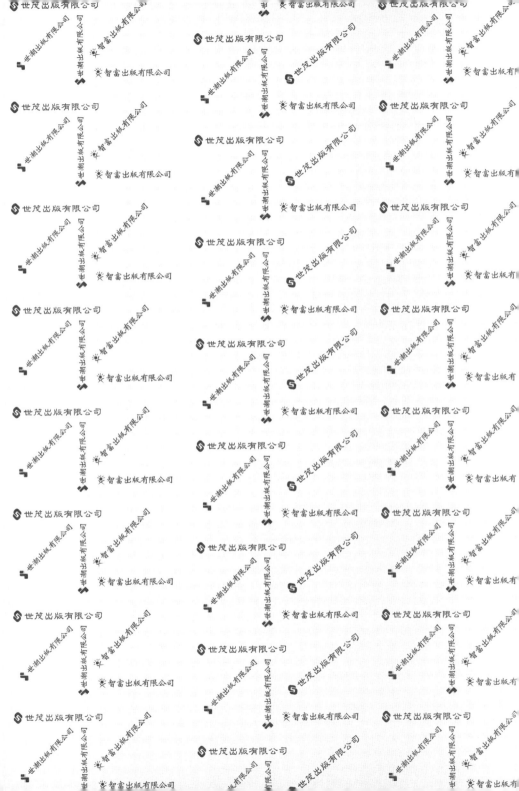